动物是怎样说话的

[美]康·斯洛博奇科夫 著

王占华 译

重庆大学出版社

内容提要

动物之间可以沟通很多信息。比如草原土拨鼠看到"敌人"来袭会发出各种报警声，不仅能告诉同伴来袭的是草原狼、鹰或者人，还能在报警声中告诉小伙伴，来袭者从什么方向来、速度快慢、体型大小、外表颜色……

蜥蜴、蝙蝠、蜜蜂、乌贼、猴子、各种鸟……众多的物种都在彼此对话。

本书从报警、觅食、求偶、保护地盘等多个方面，详细介绍了"动物是怎样说话的"这一有趣话题，向读者展示了一个奇妙万分的动物语言世界。

图书在版编目（CIP）数据

动物是怎样说话的 / （美）斯洛博奇科夫（Slobodchikoff, C.）著；王占华译. — 重庆：重庆大学出版社，2015.11（2021.9重印）
（自然典藏）
书名原文：Chasing doctor Dolittle: learning the language of animals
ISBN 978-7-5624-8998-6

Ⅰ.①动… Ⅱ.①斯…②王… Ⅲ.①动物—普及读物 Ⅳ.①Q95-49

中国版本图书馆CIP数据核字（2015）第079080号

Dongwu Shi Zenyang Shuohua De
动物是怎样说话的
[美]康·斯洛博奇科夫 著
王占华 译

责任编辑：屈腾龙 版式设计：博卷文化
责任校对：邹 忌 责任印制：张 策

*

重庆大学出版社出版发行
出版人：饶帮华
社址：重庆市沙坪坝区大学城西路21号
邮编：401331
电话：（023）88617190 88617185（中小学）
传真：（023）88617186 88617166
网址：http://www.cqup.com.cn
邮箱：fxk@cqup.com.cn（营销中心）
全国新华书店经销
POD：重庆市圣立印刷有限公司

*

开本：720mm×960mm 1/16 印张：13.5 字数：191千
2015年11月第1版 2021年9月第2次印刷
ISBN 978-7-5624-8998-6 定价：58.00元

作者手记

Author's Note

  动物的语言是一个颇有争议的话题，很多科学家和动物行为学家都相信，动物并没有具备语言的能力。在本书中，我将结合我个人（以及他人）的科学研究，举出大量我认为是动物语言的实例。需要指出的是，以上实例都是我的个人理解，并不一定出自于我所提及的那些作家和研究成果。在绝大多数情况下，各位作家可能并不会赞同我对其作品的解释。通过讨论他们的研究，我并非想暗示大家去赞同或认可我的理解与观点。

HOW DO ANIMALS TALK

书刊检验
合格证
06

编辑手记

Editor's Note

恭喜你，在你面前的是本极其有趣的书。

作者在动物语言领域是世界上数一数二的专家。他为我们介绍了很多有趣的现象，这一定会让大众读者大开眼界，高呼过瘾；与此同时，他还为那些不满足于现象、希望更深入了解的读者准备了些内容，也就是本书的第2、第3章。

嗯，教授总是这样，不仅能讲有趣的现象，而且能告诉我们现象的背后甚至将来。

如果你喜欢阅读有趣的现象，那么，本书的第1、第4至第8章千万不可错过。跳过第2、第3和第9章，并不太会影响你对动物语言这个有趣现象的了解。如果你想知道得更多，那么，第2、第3和第9章能告诉你，目前科学家在这个话题上正在思考着什么，发现着什么，并且争吵着什么。

其中的奇妙，尽情去发现吧！

HOW DO ANIMALS TALK

CONTENTS 目录

HOW DO ANIMALS TALK

Chapter 1

HOW DO ANIMALS TALK

怪医杜立德和动物语言

动物有语言吗？当它们发出声音时，真的是在讲话吗？如果我们发现动物真的有话要说，你能想象世界会发生怎样的改变吗？很久以来，人们都深深痴迷于动物能够说话这个想法。我也早就对这个想法感兴趣了，也正是受到以上动机的驱使，我才特意花了好几年时间，通过野外和室内实验来破译土拨鼠的语言。在2 500年前，伊索寓言就特地提出了动物能够互相交谈的主张。甚至到了今天，假使我们看到两只狗汪汪大叫，也许会觉得它们在谈论彼此有多么强壮和凶猛，或是在谈论被迫同居的人类。汪汪叫、喵喵叫、吱吱喳喳的声音，竖起的羽毛，化学分泌物，以及其他种种元素，都被科学家归入动物交流的一般范畴，我们一直渴望知道在其背后是否深藏着各种意义。当家里的猫抬起头来，看着我们发出喵喵的叫声，要是能够知道它们想要表达的想法，那该有多棒啊！当我们对家里的狗倾诉最为私隐的秘密时，要是能够知道狗能够代替人类朋友真正理解我们，那又该有多么奇妙啊！这就是怪医杜立德的幻想——我们能够破译动物发出的信号，随之就会发现，隐藏在背后的就是我们可以理解的语言。

　　在休·洛夫廷的系列作品《怪医杜立德》中，杜立德医生的老师是自己的鹦鹉，鹦鹉波利尼西亚有160多岁了，在漫长的生命中，它对全部动物的语言都了如指掌，杜立德医生在它的指导下，学会了翻译不同种类动物发出的鸣叫声、咕噜声、呻吟声和各种身体姿态。它还向杜立德医生口授了一部完整的动物通用语言词典，它告诉杜立德医生，每种动物都有自己的语言，而且所有动物都能理解别的动物的语言。有了这部词典，杜立德医生就能跟自己的狗、猪、小白鼠、猴子，以及其他形形色色的动物说话了，这让他在全世界展开了一场又一场精彩的冒险。

在本书中，我力邀你来扮演怪医杜立德，敢于大胆想象动物在彼此交谈着颇有深意的事情。让我来扮演波利尼西亚的角色，我将向你展示动物所使用的种种信号，用来提高它们在寻找食物、通知朋友远离敌人、逃离危险、找到伴侣方面的成功率。读完本书后，你也许无法像杜立德医生那样进行实地练习，但你会更加深入地了解动物在彼此交谈的事实。

首先，我要解释一下，我使用"动物语言"这个术语相当于在公牛面前挥舞红斗篷；对于很多科学家和学者而言，这个词语颇具争议。原因在于，根据很多科学家和语言专家的研究，语言是将我们和其他动物隔离开的最后鸿沟。随着时间的流逝，其他障碍都纷纷崩坍。在不久之前，人们还认为只有我们会使用工具，只有我们拥有文化，只有我们拥有自我意识。伴随着我们对其他动物的越来越深入的了解，这些观点统统分崩离析。我们甚至不能宣称，只有人类会发动战争、肆无忌惮地互相杀戮，因为蚂蚁这么做的时间比我们早了好几百万年。所以我们能依附的只剩下一样东西——让我们与众不同的东西，让我们有别于大自然其他生命的东西——也就是语言。

从我的角度看来，隔离的鸿沟并不存在。我们都是大自然的独特产物；我们都是同一个进化过程的产物，也正是这个进化过程塑造了地球上的每个物种。我相信，动物可能拥有语言，而其产生的目的就是为了满足它们的需求，就像我们人类拥有语言也是为了满足我们的需求一样。我们只是对动物生活缺乏足够的了解，无法做出全面的假设，从而判定语言超出了动物的能力范畴。要最为有效地学习动物的交流系统，我们需要站在动物的立场来解读世界，语境对我们来说或许没那么明显，当前我们的理解能力还很有限，无法意识到个中的微妙之处。

动物拥有语言的想法吓坏了一部分人，但也赋予了动物权力。当人们发现

动物拥有语言时，常常会以更富有同情心的眼光来看待这些物种。我研究了多年的土拨鼠被很多人看成是害虫和寄生虫，只适合被消灭，而事实上，它们是草原生态系统的基础物种，支撑起了另外两百种脊椎动物，它们的活动或多或少地影响着这些动物。在区区一百年之内，人类带来的活动和疾病导致土拨鼠的数量降低至原来的2%。我想很多人都乐意看到从2%降到0，尽管这样会摧毁草原生态活动。

但是，当我告诉人们土拨鼠具有复杂的语言之后，风向改变了。我向市议会和市民进行了大量展示，阐明了土拨鼠的语言和生态价值，于是人们开始重新思考自己对待这些动物的态度，而诱因就是语言层面这个因素。突然间，大家仿佛能够和土拨鼠心灵相通，这种动物不再是愚蠢的害虫，一心破坏用于饲养牛的农作物和草料；而是环绕在我们周围的大自然中生机勃勃的一员。获知这点以后，人们更倾向于为土拨鼠提供与人类并存的机会。大家变得更加易于接受除了投毒和枪击之外的替代方案，比如说将其转移到不会影响人类活动的地方。

如果以重建我们和其他物种之间的纽带为目的而改变态度，那将是一件极为冒险的事情，因为这种行为对我们的态度和行为有着巨大影响。我们也许需要从不同的立场看待动物为起点，但也不是没有可行性。

然而，即使改变了态度，仍旧存在着巨大的挑战，那就是如何设计科学实验来判断特定物种的语言能力。要是背离了对动物的最初判断，接纳如下的看法——它们并不只是发出讯号，而是真的具有语言——那人类又该如何设计实验，来判断动物是否具有语言呢？

在动物身上寻找语言也涉及许多问题，即动物是否具备个体意识，使用语言的主要驱动力之一就是对其他个体的行为施加影响，通常情况下，这就是发声者的优势。许多物种都会发出讯号，但正如我们所见，部分讯号镶嵌在动物的遗传密码中，当有适合的外界刺激时，就会自然而然地具备这种能力。其他动物则能够根据不同环境来发出特定讯号。人们倾向于认为，语言只是口头的东西，但我对语言的界定包括各种各样的讯号，例如身体姿势和化学气味的混合。一旦我们敞开心扉，愿意相信某种动物具有将自我和其他同类区分开来的能力，那就相当于打开了一扇门，认同了动物可能确实有想要彼此交流的观点。而意图性就是将语言和讯号隔离开的藩篱。

非常幸运，人类对动物的看法开始改变，更多的科学家很乐意认为至少有几种动物具备了情感、品格和个性因素。其实，只要我们以开放的眼光来看待动物，就能发现大量的证据，证明动物在有目的性地互相沟通，它们会在能力范围内搜集最好的讯号，来传送身边的大量信息，并经常利用讯号去影响其他个体。

这就是我的观点——这套交流系统可以被认定为"语言"。直到现在，在动物语言方面存在着很多争议，为避开那些引发争议的陷阱，我会利用在研究动物行为中获得的大量科学经验，来介绍一种语言新理论——话语系统。动物为互相传达信息而具备了结构和生理适应性，而这个系统将表明语言正是其中的一部分。我将在第3章中为大家解释话语系统的更多细节，但这个系统最为显著的特点则是：它剥去了语言的神圣外衣，语言作为一种生理系统，不仅人拥有，也为很多物种所共有。

照此发展下去，终将证实很多物种都具有语言。但人类必须要记住，这些语言不需要全然一致，或者像我们的语言那样，具有相同的表现方式。（就连杜立德医生也知道这点！）正如我在讨论话语系统时所强调的，语言会受到进化的影响。我们的语言会不断地进化，以满足我们的生态需求；同样，其他动物语言也是为其生态需求而服务的。

在我解释过某些语言特征并跟大家分享过话语系统理论之后，我将带你游历形形色色的地方，那里的动物会使用语言来进食、求偶、战斗、打招呼以及躲开危险。这些事例都建立在我个人判断之上。几乎没有研究明确地指出它们以动物语言为对象，原因很简单，一般的科学范例都指明动物不可能具有语言。毕竟，如果某种东西并不存在，又怎么会有人研究它呢？因此，我相信必

然要有人充当先锋，提出动物具有语言的可能性。我们一定要放弃"人类是老大"的底线，敞开胸怀，相信我们与其他物种具备更多共通之处，甚至远远超出我们的想象。语言是最后一道防线，将我们跟世界上的其他动物分隔开来，而我要说，让我们试着去打破这道防线吧。怪医杜立德，我们来了！

Chapter ②

HOW DO ANIMALS TALK

什么才叫语言？

我对语言词汇的兴趣始于五岁的时候，那时，我必须要学习英语。我的父母于十月革命期间离开了俄罗斯，历经千辛万苦穿越了西伯利亚，在中国过着流亡生活。我出生在上海，幼年时用俄语跟父母和祖父母交流。后来我们举家搬迁到美国，我被旧金山的一所小学录取，不出你所料，当地可没有人讲俄语。

我在年中进入学校学习。第一天，老师说了几句话——我根本听不懂——结果每个人都转向美国国旗，把手放在心脏的位置，开始用一种奇怪的语言说话。我完全是丈二和尚摸不着头脑，所以站在原地没有动。老师停止上课，走到我身边，叽里呱啦地说了一通。由于摸不透老师的意思，我受到了惩罚，同学们继续背诵效忠誓词。而我站在座位上，需要直到学会说话为止，我用手掩着胸膛，不停地翕动嘴唇，这种姿态显然让老师很是满意。我做出了说话的样子，但肯定没有表达出任何意思。

英语终究还是无法脱口而出。我的俄语说得很流畅，于是我将用俄语构思好的语句极为缓慢而痛苦地翻译成自己所知道的英语单词，只要跟我想说的接近就行。由于在输出和输入语句的转换过程中会磕磕巴巴，我的老师宣布说，我肯定有某种语言障碍。我被送到了语言专家那里进行测试，专家的结论是我肯定患有潜在的口吃症，因为我无法及时地用语言表述。因此我参加了特殊的训练，在训练当中，我学会了在无法清晰地说出某个特定的单词时，可以深吸一口气，打个响指。相当不幸，我的英语水平太过有限，不能解释我无法清晰地说出某个特定的单词是因为我根本就不会。过了些时候，我具备了足够流畅的语言能力，可以和老师们分享这个想法了，却没有人相信我——早就有专家断言说我有语言障碍。

之后的几年，我一直忍受着那些语言矫正课程，我的家庭医生看到我可以跟父母顺畅地说俄语，就跟学校管理处写了封信，要求结束我的特殊训练课程，并且指出，他准备跟学校董事会提出这个问题。我的家庭医生很乐意给我做出健康的结论。他从更为开放的角度来看待我的语言能力，从而得出了跟普通人截然不同的结论。

回想起来，这件事情是宝贵的一课，它让我明白，专家也会出错。语言专家基于错误的假定而得出了结论，并没有真实的数据作为参考。显而易见，我的老师和语言专家认为，处于教育系统内的每个人一进学校，都自然而然地会说英语。对他们来说，不可能有不懂英语的人。当时是20世纪50年代，此类事情超出了人们当时的认知范畴。当然，很多年过去了，到了现在，有更多不懂英语的孩子走进了学校，老师和语言专家敏感地注意到，不会英语跟语言能力根本不搭界，更不用说和孩子的智力有什么关联。但是在当时，我和我的家长都无法提供证据来说服特殊训练班的老师和语言专家，让他们改变想法。

))) 动物的语言

语言专家之所以会对我作出错误的判断，是因为他被当时的主流观点蒙蔽了，而当前的专家之所以会断言动物无法具有语言，也是被他们自己的假定蒙蔽了。在没有证据的前提下就宣称动物无法具有语言，没什么说服力。更为令人信服的是确定性的科学证据，证明动物既不具有语言，也完全无法理解跟语言稍微沾点儿边的东西。

不过，我们若想在动物当中寻找不存在语言的迹象，却找不到任何证据。相反，我在前面几个章节中详细解释，有数量可观的证据证明，动物具有语言，它们能够成功地使用语言警告同类有掠食者出现，告知同类食物的来源，提醒同类可能会发生的侵略行为，以及向伴侣表明交配的意愿。在承认动物具

有语言的前提下，假如我们以开放的眼光来看待点点滴滴的证据，就会发现，它们也许都是真的。

我们来做个假想实验——在这个试验中，我们要考虑一系列情况下的各种后果，但并不需要去亲自执行。实验的内容是，我们来到了南美丛林里某个偏僻的小村庄里。当地人走出小屋，弹着舌头来对我们表示欢迎。我们假设这些人具有语言，因为他们是人类。我们要如何检测他们是否具有正常的是非观，并且能感知周围的世界？很简单，你说。我们研究这些人的语言。然后问问他们不就行了。好啊，我会回答，万一你觉得弹舌头的声音不是语言，而只是表达情绪的方式，那又怎么办呢？我们能够了解这些人的能力和信仰吗？当然不能了，你会回答。其实在面对动物时，也会碰到同样的状况。如果科学家认为动物不能以有意义的方式进行沟通，那他们也不必再继续研究下去了。

找到语言的证据并不容易。让我们回到南美的小村庄吧。我们要怎么学习当地人的语言呢？我们指着物品，用面部表情加上肢体语言来表达出困惑之情，表示我们想知道这些物品怎么称呼。在得到回答之后，我们就能把新的"单词"添加到为当地人设置的语言词典当中。到了最后，我们就积累起了大量用来称呼日常物体的词汇——男人、女人、房屋、孩子、树木。这样一来，语义条目词典就建立起来了，每个词语都具有特定含义。即使如此，我们也不能百分百地肯定这些词语正是当地人所熟知的意思。在面对其他文明时，这种现象十分普遍。

好几年前，我想到某个说英语的非洲国家从事一个研究项目，但这个研究需要预先获得许可，因此我特意提前了一年申请许可证。但在抵达飞机场之后，许可证还是没着落。于是我就去负责发放许可证的办公室询问此事，却被告知明天再来。第二天一早，我就赶去了，却又一次被告知明天再来。好几个"明天"过去了，办公室的职员终于告诉我："你跑到这里来干什么？我跟你说明天再来。"今天就是"明天"啊，我解释道。"不，不，"职员说，"我说明天再来——不是第二天！"很显然，我没能理解"明天"的意思是"走开，近期不要来烦我"。最后，我和发起这次旅行的非洲同事谈了此事，才获得了许可证。我那位同事是该国总统的朋友，他拿起电话打给了办公室，告诉他们必须要在十分钟内准备好许可证，否则就会有严重的后果，所以我的许可证马上就准备好了。

　　情况是这般错综复杂，我们要怎么断定南美村庄的村民们具有语言呢？对那些尚且年幼、在生活中从未听过弹舌头的人来说，这种声音未免过于复杂。我们也许能把代表"走"的声音用磁带录下来，并在分析声音的机器上播放，这样就能获得声波图，也就是发音方面的频率和时间要素图谱。但不同的扬声器会产生微妙的差别——有些扬声器音调较高，有些扬声器音调较低，另外一些会将弹动舌头的声音模糊化。还有复数问题——当很多人要走时，我们就要把走说成"走+s"。这会由延长一分钟的弹舌头声音来代表"走"的意思，以使村庄里的每个人都能听见。在对这种语言一无所知的前提下，除非我们有不同寻常的声音甄别能力，否则根本觉察不到其中的诧异。

　　面对这些困难，我们想到了制胜妙招——教当地的村民学说我们的语言！他们能学会我们的语言，就肯定有自己的语言。在一段时间之后，我们就会产生交流的共同基础。假设村民们擅长学习不同语言，那我们就有机会破译他们交流系统的关键，并肯定他们真的具有语言。另一方面，除了弹舌头，假使村民无法理解由声音构成的语言的概念，我们就无法判别他们是否具有语言。这个实验的重点在于，我们找不到全面的方法对村民进行测试，来获知他们是否具有语言。鉴于以上情况，得出村民们没有语言的结论是很荒谬的——然而，部分人就是这样得出了动物没有语言的结论。

　　事实上，某些心理学家、生物学家和人类学家都尝试过这个方法——教授动物人类语言或者由人类设计的语言。这个方法的目标多种多样：一部分研究者想和其他物种交流；另一部分则是想要确认动物是否具有认知能力，足以理解语言和语法，并作出适当回应；还有一部分是想知道动物是否具有数字、形状和颜色的概念。我会在本书第九章中讨论上述的某些研究。

搜集动物语言的科学证据为什么总是很困难？要获知其中的原因，我们需要简单了解下科学家是如何做研究的。科学方法非常重视可观测的、可重复的现象，而且这些现象都可以用实验进行测试。尤其是在动物行为领域，统计学分析被大量运用于分析结果，但需要有多种动物参与测试。任何在统计学方面具有标志性意义的行为，肯定是在受控条件下、在不同的动物身上观测过多次。自发性行为的单个实例——例如说被养宠物的人观察——是被大众所鄙视的——因为这些东西无法被实验或统计学定向观察检测。通常来看，人们总是觉得轶事很有娱乐性，但缺乏科学价值。

按照惯例，科学家们相信最好的实验地点就是在实验室内，因为这样能够控制很多影响实验结果的因素——如外来的噪声，在附近出现的其他人或动物，灯光强度或湿度。不幸的是，实验室环境不利于动物完全表现出它们的行为——想想看，让你整天待在笼子里，只会被穿着白大褂的技术员放出来一个小时，除了恐惧之外，你也不会表现出什么行为。在自然环境下进行的实验，比如野生动物居住的栖息地，要更难控制，但能够得到更好的成果。

不过，科学方法当然是对科学有好处，它在动物是否具有语言、自我意识和知觉性等方面提出了问题，也带来了重重困难。在保持科学方法和统计分析的精确性的前提下，我们应该如何设计实验来测试这些特性？人类行为的研究相对要容易多了。实验者只需要向实验对象问问题就行了，他们能够用实验者听得懂的语言回答。

语言具有很多重要特征，能让其从交流中独立凸显出来，开放性和灵活性就是其中的两项，这两个特性也恰好为测试动物语言带来了困难。

如何科学地看待实验？就是可重复性，以及能够统计分析的可预见性结果——倘若经过多次重复实验，结果都大致相同，科学家就能确认这个结果是有效的。我们的目标就是在受控的条件下进行实验，没有任何跟语言设计目的相反的意外情况出现。

假设一下，某个实验员把你关在放置着桌子的房间里，桌子上有个你从来没见过的东西，是个佛手瓜。你不知道这东西叫什么名字，也不知道它能不能食用，它的样子就像是蔬菜，或者某种巨大的种子荚。实验员会通过记录你发出的声音，分析其一致性和相容性，来判断你是否具有语言技能，当然了，相同的实验要持续进行三天。

实验员会指着佛手瓜，等待你的反应；与此同时，会有录音设备记录下你说出的所有内容。第一次，你大概会说："绿色蔬菜。"实验员则守口如瓶，不会向你透露这东西到底是什么。这种情形在语言方面较为罕见。要是你是在跟房间里的其他人描述佛手瓜，他或她就会给你反馈，来帮助你获得更好的理解。但这个实验却并非如此。所以第二次，你大概会说："南瓜。"第三次，你大概会说："我能吃了它吗？"上述这些反应都是有效话语，但并没有什么一致性，统计分析会证明，你所说的内容彼此间不存在明显相似点，这会让实验员得出结论，就是你没有语言能力。

更为确切地说，要是有人向你展示了你认识的东西，例如是一个苹果，连续40次，你每次都能正确地叫出"苹果"这个名字。这样一来，研究员就会认为，没有证据显示你了解"苹果"这个概念，你只是能够在"苹果"这个词语和某种带有短茎秆、圆形的红色水果之间产生简单、固有的联想；或者是你能够区分苹果和自己是两种独立的事物，又或者你具备了使用"苹果"这个词语的意图。即使你可以区分麦金托什机和金冠苹果，也未必能够说服研究员你具有语言。你的祖先世世代代都在食用苹果，你只是继承了这种本能，会根据颜色和形状信息来分配不同的描述符。正是科学方法的本质让我们面临着这道屏障。

那我们要怎样测试语言呢？其中一种方法就是以稍为新奇的形式改变下已知的条件。举个例子，你始终回答实验员说，桌子上的苹果是"红苹果"，那实验员就会换个绿色的苹果，来看看你的反应如何。实验员能够甄别出"红"和"苹果"这两个不同的音节，假使你这一次回答，"绿苹果"，"苹果"这个音节跟前几次一模一样，但"绿"这个音节是完全不同的。讯号会随着语境

条件的改变而改变，要是我们对不同的语境都有所了解，就能开始进行语言测试了。

我的几个研究员就对土拨鼠进行了相同的实验，有位研究员多次走过土拨鼠栖息的田野，每次都是循着同样的路径，穿同样款式的衣服，用同样的速度和步幅，眼睛直望着前方，除了一点：我们改变了她所穿的T恤的颜色。她每次走过时，我们都记录下了土拨鼠发出的警报叫声。

我们已经知道了土拨鼠对于人类警报叫声的基础结构。我们将叫声数据化，并从13个方面对每次叫声进行测量。我们分析出叫声描述了人类穿着不同颜色的T恤，因此，我们就能更进一步，判断出哪些方面涉及对颜色的描述，因为描述不同颜色的音节在发生变化，但"人类"这个音节则一直保持不变。

另一个测试语言的方法就是更加充分地利用奇闻轶事。人们喜欢光怪陆离的动物奇闻异事，包括它们做出了奇怪的举动，或者在危急关头做出了不同寻常的反应。科学会经常忽略掉这些奇闻轶事，把其丢在一边置之不理，说到底，它们也只是故事而已。然而，大量搜罗动物使用语言的奇闻轶事，我们就能看到模式在浮出水面，并能使用它们来设定实验。

普通大众，尤其是宠物的主人，都能从经验中得知动物具有交流的意图。为了获悉科学家们的出发点，我们需要了解简单交流系统是如何运作的，以及这个系统在进化期间如何适用于不同种类的动物。

))) 讯号和进化

交流的基础模型有三个组成部分：发送者，接收者和在以上两者当中传送的讯号。通常，发送者会利用身体的某些部位发出讯号，但是，就像是垒砌土堆或者碾压杂草（又像是撰写一本书或者绘制一幅画），讯号能够脱离发送者的身体之外而独立存在。

联系动物行为来说，讯号可以是发送者的身体动作，比如说扑腾翅膀，摆动尾巴，顿一顿蹄子。在上述情况中，行为动作会创造出肉眼可视的讯号，以供其他动物看到，而这些动物就是所谓的接收者。还有些行为则能够创造出声音或听觉讯号，如鸟儿的歌唱、蟋蟀的鸣叫、啄木鸟的敲击声。另外一些行为，像是撒尿，或是释放储存于体内的化学物质，能够产生气味或嗅觉讯号。实际上，动物可以用我们所知的全部感官形式来制造讯号——视觉、听觉、嗅觉、触觉和味觉——甚至还有些人类并不使用的方式，如生物电流、地下振动，以及超出或低于我们听觉范围的声波。

但要如何得知动物是否收到了信息呢？我们不能用人类的方式去直接发问。面对这个难题，动物行为带着交流可操作性定义前来救场了。定义的内容是，当我们发现动物发送者制造出了讯号，讯号也在动物接收者身上产生了可预见的反应，于是我们知道交流已经发生了。举个例子吧，一只狗发出了带有威胁意味的低吼，而附近的另一只狗夹起尾巴走开了，这就告诉我们第一只狗制造了讯号，并导致第二只狗产生了可见的反应。根据我们对狗的经验，咆哮声是在挑衅情况下发出的；根据相同的经验，我们还能推断出部分讯号的意义。

那么，交流和语言的区别是什么？交流能够作为封闭性系统被观测，并彻头彻尾地受本能控制。给出何种讯号，做出何种反应进行回复，和动物的大脑

紧密相联。初始讯号要么被发送者的内在情绪所激发，如恐惧或愤怒；要么被其从外界环境所接收的提示所激发，如掠食者的接近。

在传统交流模型中，动物接收到特殊的讯号，并给出了特定的反应，纯粹是由本能决定的。不过，少量反应可能会发生进化，允许在反应过程中出现些许灵活性，事实上，外部刺激的轻微差异就会触发不同的反应。

就拿野兔来说吧。如果掠食者在远处出现，野兔的反应就是停留在原地一动不动。这是因为很多掠食者只攻击或追赶移动的猎物。所以静止不动能够减少掠食者接收到的信号，不会暴露野兔的位置，尤其是野兔可以和四周的植被融为一体，丝毫不会引起注意。

然而，掠食者会不断逼近，一旦距离过近，野兔就会改变策略：逃跑。距离触发了策略的变化，这个距离也很有可能会进化为完美距离，允许野兔在落入掠食者的嘴巴之前有足够的时间逃生。表面上看来，是野兔做出了逃走的决定，其实却是它们的大脑从某个预设程序（静止不动）切换到了另一个预设程序（逃跑），而原因就是外界信号（掠食者的距离）的变化。远去的兔子屁股上长着白尾巴，正如逃走的鹿也长着白尾巴，对掠食者来说，会进化为"别费力气了"的讯号。而兔子和鹿似乎都没觉察讯号发生了进化，它表面上的意思可是"跟在后面，紧追不放"。

从另一方面而言，语言可以视为开放的系统，在这个系统内，讯号和反应的产生都会发生变化，而动物的内在条件和外部环境都是变化的诱因。语言发生了进化，能够处理一系列有关条件变化的信息，并允许种种不单纯受到本能支配的反应产生。影响动物行为的信息可以来自于内部——动物的生理、精神或情绪状态——也可以来自于动物所处的环境。

区分简单本能交流和语言的最好机会就是，动物制造出的讯号涉及特定环境，或者发生在动物身旁的外部事件，我们也能借机对其进行观察和评估。动物制造出特定讯号，将这种行为和周围发生的事情关联起来，就相当于迈出了发展语言可操作性定义的第一步。

但是，单由指定的动物制造讯号是不够的。作为语言合格的一部分，讯号必定要有意义——必定要向附近的动物传达某些信息。因为动物并没有兴趣直接告诉人类，它们接收到了讯号，并理解了其中的意思，只有当其以可预见的方式对讯号包含的信息做出反应时，人类才能够做出肯定的推断。这就是对很多动物交流研究进行设计的基本方式。

再举个例子吧，我的研究展示了生活在西部大草原的土拨鼠，也就是那些圆滚滚的地松鼠，能够针对不同掠食者给出各种各样的示警叫声。我们对这些叫声进行梳理，想要找出其背后的意义，而方法就是观察并录下土拨鼠在各种情况下发出的叫声，例如有土狼跑到它们的地盘打猎，或者老鹰俯冲下来进行杀戮，又或者是有条狗在乱跑。为了确保我们听到的声音适用于全体土拨鼠，而不只是某些个体，我们还跨越了多个繁殖季节，并在多个位置对大量个体进行记录（甚至还捕捉了几只带回实验室，向它们展示了掠食者的图片）。为了进行统计对比，我们还分析了每次叫声的数位结构。上述工作花费了我们好几年的心力，但这是对动物交流最为典型的科学研究方式（土拨鼠属于地松鼠科，所以作者在本段中说土拨鼠也是地松鼠，但地松鼠的种类繁多，后文中会多次提到地松鼠，都是其他品种，并不是土拨鼠——译者注）。

土狼还没走远呢，老鹰又来了。先别出来！

为了证明讯号的产生及其引发的反应并非是天生的，我们首先要证明讯号的产生会随着外界环境的改变而更改。咆哮的狗可能会猛然间意识到另一只狗是自己的老朋友，于是咆哮声就会变成表示欢迎的呜呜声。

就像我在先前的例子当中提到过的，人们首先要承认一个前提，就是人类语言是所有语言的"缩影"，这也是其他物种的讯号所致力追求的目标，同样，这也让交流研究员建立起其他动物系统也适用的硬性标准。

1960年，查尔斯·霍凯特在自己的著作中提出了人类语言的十三个识别特征，假使能在动物的语言中找到这些特征，将具有重大意义。直到今天，但凡谈及动物是否具有语言的问题，生物学家仍会兴致盎然地引用它们。这些识别特征如下所述：

- 信息传送和接收的感官渠道。霍凯特将这个特征定义为"声音-听觉渠道"，也就是说，讯号必须由声音组成。虽然这个理念适用于人类的口头语言，但却彻底忽略了讯号语言，比如美式手语（ASL），也否定了语言使用其他感官渠道的可能性。

- 发射传输和定向接收。讯号由发信者发出，能够被另一个人接收。

- 快速消逝。讯号不会在外界长时间停留，而是迅速消失以便其他讯号被制造出来。

- 可交替性。动物有能力制造讯号，也有能力理解或破译同物种其他成员制造出来的相同讯号。

- 全面反馈。讯号由动物制造出来，也能被制造它们的动物侦测到。

- 专门化。交流系统专门为信息传输服务。

- 语义。正如人类语言中的词语都具有意义，交流系统由具有意义的符号组成。

- 随机性。符号的形式是随意不定的，并非是标志性的。标志性符号是事物的忠实表达，道路标识牌上画着侧翻的汽车，就表示道路湿滑。而随机符号和它所代表的意义没有明显的联系，"红"这个字眼也跟红颜色本身没有明显的联系。

- 不连续性。符号必须要分散在不同的单元，而句子中的单词也是如此，分散在不同的单元。

- 置换性。许多事件被时间和空间分隔开了，而交流系统能够提供事件的相关信息，比如说在远离动物的某地发生的事件，抑或是发生在过去，以及即将发生在未来的事件。

- 生产能力。这个概念也被人们视为开放的系统，随时都能创造出新的词语。

- 二元性。符号必定是由更小的分散单元组成，同理，词语也是由音素组成，而电脑编码则是由字节组成。

- 文化或传统传播。交流系统必定要具有很强的学习性，通过学习，符号能够代代相传。

我们来看看这些特征是如何适用于其他物种的。前六个识别特征在很多交流系统中都普遍存在，并不是语言的独有特性。剩余的七个识别特征成了论证动物语言的巨大挑战。霍凯特在撰写了对语言的潜在分析之后，又添加了另外几个识别特征，如递归和信息交换。好了，下面我们见识一下动物行为研究人员一直在探求的几个主要特征吧。

其中两个主要的语言识别特征表达了符号所蕴含的意义。这两个特征是：语义和随机性。语义就是词语想要表达出的意思。而随机性指的是任意声音或符号（人类语言中用到的词语）的使用，表示着外部物体、事件或概念。

还是用例子来说明吧，在英语当中，"紫褐色（puce）"是随机的语义标签，表示某种特定的颜色。这个词跟声音、长度，或者"puce"的发音都没关系，发音至少还跟它是什么颜色沾了一点儿边。实际上，很少有人知道"紫褐色"是带有褐色的紫色。非随机的词语是用在狗身上的"汪汪（bowwow）"；这是个狗叫声的拟声词，连不说英语的人都能猜出它的意思。

所以，如果我们能够发现这样的事实：动物拥有针对外部事件的随机性语义标签，那这将在证实动物拥有语言的道路上迈进了一大步。

最近有人提出了建议，说递归是用来区分人类语言和其他动物交流系统（这些交流系统更具局限性）的基本特征。递归就牵涉到将在语句中加入额外的子句。再举个例子吧，我们可以说："约翰去了商店。（John went to the store.）"然后，使用了递归，我们可以加上："约翰，也就是玛丽的哥哥，去了商店。"我们还能将这个递归进行到底："约翰，他既是玛丽的哥哥，也是朱丽的叔叔，去了商店。"虽然，提出递归建议的作者宣称这是人类独有的属性，但山雀、椋鸟之类的其他动物也会赋予自己的叫声递归性。我将在第8章中更为详细地谈到山雀叫声的递归。

于是另外两个要素：句法和语法，就进入了我们的视野。句法就是词语在句子中的排序。在某些语言当中，改变语言的顺序就相当于改变了句子的意思。例如，在英语中，我们可以说："The man robbed the bank.（那个男人抢劫了银行。）"然后，调换"人"和"银行"的位置，我们就可以说："The bank robbed the man.（银行抢劫了那个男人。）"句子的意思就完全不同了。在这方面，句法也反映了语法，语法就是让词语（即语义成分，比如名词、动词和形容词）组合成句子的一系列规则。稍后我们会更为深入地谈谈语法，但在这里，有一点尤为重要，我们必须要认识到，所有真正的语言都受到某种形式的语法支配。对于人类语言来说，很多人都能以给定的语言流畅地进行表述，为了获得外界的理解，他们都遵循了该种语言的语法规则。

假设动物能将任意几个语义标签以句法串联起来，那就表明它们在传达比自己的情绪更为复杂的信息。原因在于，如果你不熟悉某种语言，那语法规则就很难推定了，句法也许就是种间接性的线索，暗示着语法存在的可能性。

近期，语言学界正在讨论计算效率这个观点。此观点提及了语言的精密度——在传达具体意图时，使用一个精确的词语或短语，或是一整段大概接近，但并未清晰表达出中心思想的话，显然是前者更为行之有效。有趣的是，这跟倡导"至简至短就是最好"的简约原则也不谋而合。计算效率为语言的开放性提供了良好支持，因为它引导我们使用崭新、准确的措辞来描述外界的新事物。例如我说，"手机（cell phone）"，你立马就会明白我的意思，我知道这会比我说，"微型便携式电动信号装置，用于和其他地方的人进行通话"要快捷得多。

让我感兴趣的是，动物也非常重视计算效率。土拨鼠只需要用一声叫喊就能通知其他同伴："小心，一只老鹰俯冲下来了！快躲到洞里！"这简直比我们的解释要快得太多了。好吧，我们也能大叫"小心！"或者是"上面！"，又甚至是"老鹰来了！"但表面上看来，土拨鼠的一声叫喊只需耗费零点几秒的时间，确实更有效率。土拨鼠还能把其他信息压缩在示警叫声中，包括掠食者的靠近，对方的颜色，可能还有其特性。其他动物也有类似简短却内含大量信息的讯号。综上所述，计算效率也同样适用于动物的语言。

))) 语言僵局

就动物讯号是否具有意义或者传达了信息的问题，动物行为学家展开了激烈辩论。有些人认为动物制造讯号来影响其他动物的行为。还有人认为讯号发送者将信息以密码形式嵌入讯号中，再被接收者解码。而另外一些人则认为动物制造的讯号并不包含信息，也没有任何意义。

有部分困难源于对信息的定义。20世纪40年代，在贝尔实验室工作的物理学家克劳德·香农想出了靠不确定性来联结信息的方式。原本，香农感兴趣的只是描述嘈杂的电话线路如何传递词语，但他提出的信息概念现在被运用于各种不同的领域，从计算机到遗传学。

下面我将解释这种理论的运作方式。首先，你要跟我们玩个猜豆子游戏。假设我们手上有两个半边的胡桃壳，一个代号为A，另一个代号为B，其中半边胡桃壳里放着一颗豌豆，你必须要把它找出来。假如豌豆总是藏在A胡桃壳下面，从来不会放到B胡桃壳下面，那你就可以完全肯定，你翻开A胡桃壳，就百

分之百地能够找到豌豆，赢得游戏。在这种状态下，没有不确定性，用香农的观点来看，也没有信息。

现在，我们再来设想一下，豌豆放在A、B胡桃壳下面的机会是对等的。如果你翻开A胡桃壳，只有50%的正确概率。这样一来，我们就对豌豆的位置有了更多的不确定性，用香农的观点来看，就具备了更多信息。

然后我们提升游戏的复杂程度，再增加半边代号为C的胡桃壳。假设豌豆放在A、B、C胡桃壳下面的机会均等，那信息就比只有两个胡桃壳的时候要多，我们想找到豌豆，就面临着更多的不确定性。你只有33%的概率翻开正确的胡桃壳，你的赢面就变得更为不确定。基于上述理由，跟你玩猜豆子游戏的人总是很自信，他们在绝大多数情况下都能赢走你的钱。

我们可以把这个游戏扩展到更多数量：六个半边胡桃壳，豌豆有均等机会在任意一个胡桃壳下面，这就比五个胡桃壳加一个豌豆要包含更多信息，因为这次有六个选项，因此也比区区五个要更缺乏把握。用香农的观点来看，在决定哪个选项的不确定性最大时，系统中的信息量也达到最高峰。

我们再把这个游戏的规则用于交流系统。如果动物仅将一个讯号用于特定环境，依照香农的观点，就是没有信息。我们知道动物每次都会制造出这个讯号。如果动物有两个讯号用于特殊环境，并且两个都有对等的可能性，那在交流系统中就存在更多的不确定性，根据香农的观点，就意味着更多的信息。

但在解读动物行为方面，这种信息观点也不是特别有用。我们感兴趣的不仅仅是对于一条详细信息有多少不同的替代选项，还有其他动物是否理解了讯号。在生物交流系统中，讯号的功能是减少不确定性，并非是造成不确定性。

从这层意义上说，我对信息的界定跟香农的观点截然不同。在我看来，在动物接收讯号时，凡是有东西能减少不确定性，并增强对讯号可预测反应的可能性，那它们都是信息。当土拨鼠听到"老鹰"的示警叫声时，它们就不再担心郊狼、人类或其他掠食者潜伏在周围，而是立即执行正确的躲避策略，让自己能够逃过老鹰的魔爪。

这种信息处理的观点类似于霍凯特描述的人类语言模型。但还是有反对者提出争议，他们认为信息传递的说法并不正确，这就表明动物对外部世界有着好几种心理表征，并把这些心理表征传达给了同伴，而其他动物就会破译讯号，并产生相同的心理表征。

这些参数绝大部分都建立在两个基点之上，这两点也基本囊括了很多科学家的想法。一是刺激反应理论，这个理论坚持认为，动物只能做出由基因决定的固有行为来回应刺激，它们没有选择。第二种理论认为，动物没有任何动机，也意识不到它们的所作所为。对动物这两种基本信仰的拥护，让为数众多的科学家理所当然地获得了结论：动物讯号不可能是语言。最终结果就是，他们肯定不会设立实验来探讨动物拥有语言的可能性，因为他们已经摒弃了持有开放性心态的意愿，拒绝相信这是真的。

我却以不同的态度来思考此事。我们来看看如下情况：你正走近一个十字路口，并看到了黄灯。这盏灯向你传达了某种信息吗？我希望你的答案是肯定的。那你会做出什么反应？你可以重重一踩油门，抢在红灯之前驶过。你也可以踩下刹车，停车等候。或者你看看四周，街道上空荡荡的，那么你就会保持原有速度，期待自己平安通过。黄灯是否影响了你的行为呢？我会说"是"。你是不是无论在什么时候都只对黄灯有一种反应呢？也许吧，但在绝大多数时候不是。有些时候，交通会很拥挤，让你不敢冒闯红灯的风险；抑或是路边上站着警察。最有可能的是，你对讯号的反应会非常灵活，完全是跟着环境，所驾驶的车子类型，你的家长或孩子是否随车同行，以及其他种种因素来改变。换言之，你可以减速，可以加速，也可以踩下刹车，全依赖当时的情境和你个人的评估。同样，动物会对特定的讯号产生不同反应，也依赖于环境和它们的评估。

关于动物没有意识，也没有交流意图的论调已经流行了很长一段时间。我记得那是某个动物行为学家的会议，一位发言者在会上说，雌鸟很想它的后代生存下去。有个听众举起手问道："你是说自然选择塑造了雌性的行为，使得

我们看来就像是它希望自己的后代生存下去？"这个问题显然是想让发言者尴尬，他犯了个不可饶恕的错误，就是将动物人格化，并赋予动物人类的思想、感情和动机。这在科学的世界里是一个巨大的禁忌。

不愿承认动物有自觉意识的情结让研究者们创造出了"功能性参考（functional reference）"这个术语，用来描述似乎是提及了外界事件的动物讯号。功能性参考指的是，表面上看来这些讯号提及了外界发生的事件，但我们并不能真正确定个中实情，所以只能用较为中性的词语来称呼它，以显示我们并没有真正相信动物有能力指出身外的事物。理由很简单：科学家们说，动物甚至都觉察不到自身的存在，更不用说其他事物了。

这种对世界的科学视角源于一种信念，就是相信在我们和其他物种之间横亘着巨大的深渊：我们是唯一具有自我意识的物种，我们也是唯一具有语言的物种。长久以来，绝对理性的人们热切地拥护着进化论，认为生命形成于原始的沼泽之中，从彼时开始了逐步演变，时而间断，时而连续，有时还不得不从灾变事件中复苏，但是，由于物种紧密联系在一起，彼此分享着特性和共有的基因遗产，经历了千秋万世和亿万个年头的变化之后，还是会有相同的人站出来高喊他们的信仰，宣称我们人类莫名其妙地"跨越"了鸿沟，变得独一无二。这是如何发生的？我们突然间就脱离了和地球上其他生命的直接联系？

然而，这就是科学范例所暗示的内容。这种暗示变成了僵局，没人能把思维的触角延伸到更远处，因为动物被拒绝加入这个话题。养有宠物的科学家平日和动物相互影响，所以表面上看来，证据在他们身边俯首可拾：每一只狗或猫都是独立的个体，绝大多数宠物都对自我和自我需求有着强烈的认知，它们会花费大量的时间和主人交流这些需求和期望。但绝对理性的科学家会把这些证据当成趣闻，从而不予理会。换言之，这些证据不算数，原因在于它们并不是以科学的、可精确复制的方式展现出来。

霍凯特对于动物语言的标准有利于人们在语言品质方面组织思维，不过，这个标准也增添了不必要的麻烦。仅需两个基本步骤，就显示出动物在不同环

境中具有语义讯号，而且讯号还是根据句法（句法可以反映出某种形式的语法）进行设定的，这是证明动物拥有语言的开端。还是以土拨鼠为例，它们在看到不同的掠食者时会发出不同的叫声：发现土狼是一种叫声，发现红尾鹰是另一种叫声，发现家犬是第三种叫声，发现人类则是第四种叫声。这些叫声的语义都各不相同：每种叫声都代表着不同的掠食者。当我们审视每种叫声的声学结构时，就能发现不同的音节以形形色色的方式组合起来，代表着每一种掠食者。音节的组合代表着句法，而句法反映出深层的语法。

语言的基础要素包括由动物（或人）制造出的语义讯号，这个语义讯号会被其他动物（或人）在特定情境中接收到。当环境改变的时候，讯号也会随之改变。而讯号的学习或制造是否出自本能，则无关紧要。讯号可能具备先天的本能成分，也有后天的学习成分，或者两者皆有。接收者的反应也可以具备学习或本能成分。举个例子，人类的视觉讯号被称为身体语言，身体语言具有本能成分，像微笑和皱眉的表情，在不同的文化和社会中都会发生；但也有很多此类讯号能够学习并有意识地去使用。多个号能够通过句法串联起来，更改制造出的信息。讯号串联的方式就像是男女间的求爱序列，可以非常精确，展示出语法在影响着这些讯号的产生。语法包含有本能成分，这个规则适用于人类

和动物。人类语言学家习惯于依靠诺姆·乔姆斯基的普遍语法，该法则主张，所有的人类语言都共用某种特定的语法结构，因为这个结构由我们人类的本质所决定，由我们的遗传共性或本能决定。在接下来的几个章节中，我会向各位读者展示，我们已经有证据来推理出很多动物都拥有语义讯号，并且这些讯号可以根据不同情境下的句法规则进行排列。

Chapter ③

HOW DO ANIMALS TALK

语言的新见解

几年前，我和妻子从凤凰城驾车返回弗拉格斯塔夫。对那些熟悉十七号州际公路的人来说，这是一段艰辛的旅程。最后一个大爬坡足有三千英尺的落差，我们需要驶出佛得峡谷高地沙漠，径直登上海拔七千英尺的莫戈隆边沿，在这里，一簇簇杜松被宏伟的黄松林所取代。历经千辛万苦，我们在黄昏时分登上了边沿，暮色逐渐变得浓重，让视野变得模糊不清。忽然间，我妻子用最大的音量尖叫道："不——不！"我的脚立刻离开了油门，踩下刹车，减缓了车速。

　　我的反应还真是没错，妻子还没来得及解释自己的过激行为，黑暗中就浮现出一只我们所见过的体型最大的公麋鹿，这家伙正气定神闲地站在路中央。要是我们以每小时六十五英里的速度撞上去，估计大家统统都要完蛋。伴随着我们的接近，麋鹿大摇大摆地离开公路，钻进了树林，我这才发觉妻子靠一个叫喊出来的字眼救了我们的命。

　　在回家的后半段旅途中，我们心有余悸地谈起了这次事故。妻子说她并没有真的看到麋鹿；相反，她只是感知到了前面隐隐约约有麋鹿这种东西的轮廓，而大脑就将这些画面聚合成了麋鹿的形态。她根本没有时间叫出这种动物的名字，只能大叫出第一个蹦进她脑海的词语：一个大大的"不！"。我本来能以很多方式来理解这个词，但基于它的力度和语调，再加上大众对"不"这个字眼的理解，我将其翻译为："不管你现在正在做什么，给我停下！"我为自己理解了这条信息而衷心感到高兴。

　　有很多词语包含严重警告的意思，并在其中隐含了各种指令，如：

"火！""蛇！""雪崩！"甚至是"车！"还有些词语和极为简洁的短语也能在危急关头发挥作用，如："跳！""快躲！""跑！""快走！""住手！""注意！""让开路！""小心！"等等。使用同种语言的人知道这些词语的意思，也能发出并接收这些讯号，用以提示其他人即将发生的危险，让同伴有足够的时间进行躲避。

有趣的是，此类讯号要么只是一个词语，要么就是极为简洁的短语，每个都是如此。来自其他星球的外星人看到这样的交流方式，完全发现不了句子结构的佐证。我们所熟知的名词、代词、形容词、副词，以及所有句法都没有表现出来。当然啦，它们暗含在这些词语或短语背后。可是，我们百分之百地肯定这些话语都是语言。这么说来，从动物口中发出的一声吠叫、一声咆哮、一声啁啾，抑或是一声呼哨，也许都有着异曲同工之妙呢。

一般而言，示警讯号都倾向于简明扼要，以便尽可能快地传达信息，让听到的同伴有更多时间做出适当的躲避行动。就像我妻子对路上有麋鹿的那件事采取了一声大叫的策略，示警讯号是生存的关键因素。从这个角度来看，结论显而易见：判断距离，跑得快，或者生了病自愈的能力固然重要，但这种发送和接收示警讯号的能力也不逊色，另一些讯号描述了食物方位、伴侣，或者前后方情况，那发送和接收上述讯号的能力也颇为重要。这项能力不仅对人类的生存至关重要，对任何动物都是如此，我们不得不承认。

基于以上缘由，我才建议我们应该把语言视为——发送和接收讯号的能力，并让讯号适应环境改变的能力——不能单纯地将讯号看成是产出物，而是完整的生物系统。说到系统，我所指的是生物体中由组织和细胞组成的某些部分，而组织和细胞则分享着共有的专门化技能。令人满意的是，机能依赖于行为，从心跳、肠道蠕动、推送血液流经动脉之类的内部运动，到肌肉支配四肢活动，眼睛扫视四周，嘴唇和舌头配合发声说话之类的外部行为。

多年从事科研工作的经验让我坚信，我们和其他物种共享一套由生理器官构成的系统，这些器官拥有重要的专门化功能——接收、处理和制造含有内外

部环境信息的讯号；讯号有可能会以增强适应性的方式影响其他同伴的行为。正如我们所拥有的其他生理系统，进化打磨和塑造了我们与其他物种分享的这套生物系统。我把它称为话语系统，我相信，它和生物体的其他系统一样，对物种的发展和成功是必不可少的。

为了理解话语系统的运行规律，我们应该先研究一下身体的其他生理系统。以下是我们人类拥有的部分系统：骨骼/肌肉系统、心血管系统、消化系统、感官系统、内分泌系统、脑边缘系统、神经系统、免疫系统和生殖系统。这些人体系统在其他物种中都有根源可溯。我们的内骨骼是基于亿万年前的某种设计，当时，内骨骼跟外骨骼分离开来，为可以活动的躯体奠定了基础结构。后脑，或者说我们人脑的最低部分，和脊髓相连，是我们和爬行动物分享的基础结构。觉察到危险和恐惧反应也是我们和它们共同具备的能力。

这些系统从内到外都紧密相连，形成长长的关系链。换言之，在考虑到其设计时，有些系统似乎完全是在身体内部运行——比如说心血管和免疫系统。是的，没错，它们会受到外部事件的影响，但在绝大多数情况下，那些影响会由其他系统进行传达。比如说，如果没有外部干扰，心血管系统会以一个基准值来运作。在我们休息时，心脏会以一定的速率来跳动，血液会在一定的压力下被泵入动脉，空气会被吸进肺部再呼出，每分钟都有固定次数。但是，当感官系统收集到危险迫近的信息，大脑和脊髓就会促使内分泌系统释放肾上腺素，从而导致肌肉收紧、心跳加速、血压升高和呼吸急促。出于相同原因，免疫系统的作用就是保护人体免受致病细菌的入侵。它会在我们接触到致病微生物，或皮肤被伤口打开的瞬间建立起防御。免疫系统的活动统统都发生在我们的体内。

其他系统则更为偏重于外部。作为掠食者，我们的眼睛发生了进化，从哺乳类祖先的头部两侧（这种设计为猎物所共有，它们需要观察从上方和后方接近的物体）转移到了脸部正前方，这种变化提供了双眼视觉，允许我们进行深度观察和更有效地捕猎。我们的听觉也是双耳的，我们的味觉/嗅觉并不发达，不足以探测到食物不适合食用的最细微证据。我们四足祖先的足垫进化成了手，长着相对独立的拇指，和纤长的、具有握抓能力的手指——全都拥有触感，让我们可以掌握并操纵物体。

在这个世界生活的过程中，我们会通过感官系统源源不断地接收到外部环境的信息。这些信息由我们的大脑——神经系统的首席执行官进行处理。大脑还负责指挥对内部和外部线索的反应。实际性的肢体活动由神经系统促成，神经系统激发对应的肌肉进行活动，简单到眨眼，复杂则如演奏莫扎特的钢琴奏鸣曲。

生殖系统位于这条关系链的中间。这个系统负责决定和维护我们的性别，它所拥有的生殖器官凭借感官系统与外界保持联系，通过释放激素来进行调节。不过，对生殖系统来说，还有一个重大的外部组成部分。没有异性成员，生殖系统将毫无作用，我们人类也不例外。

这些系统以整体化方式进行运转，它们也需要在特定的环境中发挥作用，记住这条原则相当重要。自然界中，生物不能脱离它所在的环境：什么是外界条件？温度、海拔，还是能见度是否理想？是否存在其他生物？它们构成威胁、食物来源，还是推进了特殊个体的适应性？独立个体该如何侦测周围的环境情况，并对其进行评估？生物所处的环境可靠程度如何？环境会如何改变？会对生物产生怎样的影响？

突然之间，信息的重要性就显而易见了。这就是大脑进化的本质原因——作为接收和处理环境信息的渠道，指挥生物以最有利的方式做出反应。对于个体生物而言，相同物种的其他成员也是环境的一部分，控制、分享或阻截信息就变得生死攸关，而语言就是实现上述目的的方式。

因此，我提议大家不要将学习和使用语言的能力视为某种行为产物，而是将其看作另一套重要的系统，就像是心血管、神经之类的系统。我将这套系统命名为话语系统，意思就是人类制造和理解讯号的能力。下面就是它和其他系统的共通之处：

- 它拥有生理组成部分。
- 它由大脑的特殊区域（一个或多个）控制。
- 它和中枢神经系统和感官系统相连，还牵涉到肌肉组织、呼吸和一连串的生理过程。
- 它能够通过听觉、视觉、化学或其他感官方式制造出大量讯号。
- 它包括自觉和非自觉两种讯号。
- 它受环境影响（如其他个体，外部事件）。
- 它能够由进化塑造。
- 它是实现个体适应社会环境的要素。

话语系统同时拥有生理和行为成分。我们将分别对两者进行讨论。

话语系统的生理成分首先就是生物感官，用来收集环境信息，或生物外部事物的信息。这里的外部事物涵盖了相同物种的其他成员，或者不同物种的成员。

参与侦测信息的感官也是语言的基础，这些感官可以是视觉、嗅觉、触觉，甚至是振动感知器官。无论哪种感官，但凡能够最有效率地收集包含信息的讯号，以及外界动物发出的讯号，都将在物种的话语系统中扮演最为重要的角色。对于人类来说，主要是我们的眼睛和耳朵。为满足这个目的，主要依赖于接受特定类型讯号的动物则倾向于专门结构的进化，例如在蝙蝠身上找到的大耳朵和高频探测系统。

话语系统的第二种生理成分包括大脑。大脑这种器官负责翻译输入的讯号，将其分类，再根据以往的记忆和经验分出轻重缓急，指挥身体做出反应。对于人类而言，话语系统在人脑里占据了专门的区域，也就是韦尼克氏区，这个区域的唯一用途就是理解语言。此外，话语系统中的某一部分也拥有专门的大脑结构，叫做布罗卡区，主要负责说话和语言的产生。毋庸置疑，在其他生物的大脑中也存在相关的话语系统区域，但是我们还没有梳理出这些知识。

话语系统的第三种生理成分是涉及讯号制造的生理结构。对于人类来说，这些结构是声带，口腔内的上颚和舌头，我们的肺和呼吸道。以上器官共同协作，让我们拥有发音的能力。而对于鸟类来说，喉咙里的双鸣管允许画眉（木鸫）、西部野云雀（草地鹨）之类的生物能够一次唱出两个音符。为了制造讯号这个目标，其他生物也有专门的身体器官发生了进化，比如说蟋蟀可以通过摩擦翅膀来发出声音。

还有部分话语系统属于讯号接收结构。海豚头部的隆起是某种脂肪结构，允许它们在水下接收声音讯号，并分辨出其中的精细区别，其程度达到了分辨出一个小球是中空的还是固体的。狗的鼻子比我们灵敏一百万倍，这让它们置身于气味信息的世界，而人类却浑然不觉。蚂蚁和其他群居性昆虫可以接收彼此发送出的复杂化学信息，这些信息能让它们知道食物的存在，又或者群体中有外来个体。

总之，进化驱使讯号制造和接收的不断特殊化，使动物能够适应自己居住的生态环境。举个例子，生活在地下的鼹鼠会用头顶撞击隧道顶来发送信息，用以警告同伴，因为鼹鼠都是在硬泥地打洞的，有利于振动的传播。成群的土狼会在植物上留下种种气味，因为它们的领地很大，气味就变成了暂时的指示牌，告知其他土狼群体这块领地已经有主人了。大象能制造和接收低频声波（次声波）信息，假如我们正好在附近，只会感觉到胸口有点闷，因为大象都相隔很远，低频声波比高频声波要传播得更远。

话语系统专门化的一个额外好处就是隐私性。自然界充斥着各种不和谐的声音、颜色、光影和气味。任何特定的栖息地都由成千上百，甚至成千上万的生物分享，个体生物需要定居，需要互相联系，保持联络，需要一起从事活动，并且躲避危险。所以，虽然有大量的讯号被制造出来，或者随时都有噪声响起，但还是有证据表明，生活在同一领地的动物能够将其区分开来。它们所依靠的无非是时间和空间手段，通过在领地的不同位置制造具有轻微差别的讯号，或改变讯号之间的时间间隔，从而让讯号更好地被听到、看到，或者闻到。

某些生物利用话语系统的独家设计策略抢先一步：专门的交流渠道——特

殊频次的声音；其他生物感觉不到，但同伴能够闻到的气味；专门的颜色，只有在特定波长下可以视物的动物才能看到；只有在地下才能感觉到的振动；抑或是特定体型在水中能够感受到的电荷。为了和同族群成员进行专门化交流，每种生物都开发出了相当私密的渠道。

在人类当中，话语系统能够拟定其余身体部位的职能，以帮助传达特定的讯号。我们能够添加（有时候是有意识的，有时候则是无意识的）手势、表情，甚至是身体姿态和方位来让信息被理解。我们把这些表情和行为称之为身体语言，它们在人类交流中扮演着十分重要的角色，当身体语言所传达的信息和口头语言发生冲突，接收者常常会选择相信前者，而不是后者。

除了手势和表情之外，身体的确切方位——靠近或远离听众，张大眼睛，目光专注或游移不定，以及间歇性地闭合眼睑——也是在传达信息。你知道有多少人用双手来交谈吗？他们通过挥舞或晃动双手，来更进一步地强调语言。丧失听力的人始终要靠双手来谈话，他们的手势理所当然地被认定为语言。

甚至是在打电话的时候，对方根本看不到身体语言，但我们还是会借助调整语气和声音高低来传达感受及态度。还有些人擅长解读他人的语气；仅仅通过倾听声音的节奏，他们能够分辨出讲话人的紧张或愤怒程度是否上升了。人类也拥有复杂的声音识别技能，一听到有些人的独特音色，我们就知道是谁了，因此我们熟悉的人并不需要在电话里自报家门。

话语系统的运作也受到情感的影响，情感就像过滤器和透镜，影响着我们对所经历的事情的理解，也左右着我们的反应。正是出于这个原因，在讨论或争辩的中途，我们会暂停下来，奉劝极度焦虑的人保持冷静，让其有机会整理思绪，考虑自己说话的内容和方式。情绪有利于我们增强交流的有效性（比如说，为什么有些人的说服力很强？因为他们说话时激情四溢），也会让我们犯错误，例如有些人太过沮丧时就会失声痛哭，或者无法清晰地表达个人观点。再说了，谁不会听到几个负面字眼就发生情绪变化？通过神经系统和内分泌系统，话语系统将我们的情绪和语言紧密结合起来，我们会为演讲内容注入强烈

的情绪色彩，这就是最明显不过的证据。

生理设备的三驾马车——大脑、感官、讯号接收/制造结构，被无形的纽带联结在一起，这就是话语系统的组成部分：语言。语言是我们用来黏合思绪碎片的胶水。语言是我们赋予意念生命和特征的颜料。语言是我们日常在大脑中为信息分类的工具。

表述和理解语言的能力的源头在哪里？我们对其知之甚少。这个问题在多年前就陷入了争论的怪圈。按照人类学家的建议，语言始于手势和声音的结合，而进化的动力来自于我们高度的社会性。是语言促成了互相协作。以上方式并没有将其他物种排除在外，但要说语言始于人类独一无二的突变，这种理论就过于狭隘和排他了。其他人，其中有些将语言视为人类专利的语言学家，则认为质变性的飞跃是由人类大脑完成的。

在我们和其他生物间突然就出现了不可逾越的鸿沟，这也太没道理了。毕竟，人类其余的系统都在别的物种中有源可查，也往往能够追溯到进化路线。那为什么唯独话语系统不行呢？设想一下，话语系统被用来整理、分类和完善来自于外界的信息，并利用信息来制造讯号，影响同伴的行为，从而达到利己目的，那其他物种为什么不会进化出这个系统？是否存在真凭实据，能够证实话语系统具有基因基础？答案是肯定的。

最近，人类基因组中发现了一种被命名为FoxP2的基因，也就是所谓的语言基因。作为话语系统理论的依据，其他物种中也发现了这种基因。FoxP2基因和语言之间的联系于2001年被首次发现，在一个被简单称为"柯"的家族中，有半数家庭成员在表述和理解语言方面具有严重问题。DNA编码的突变会使语言基因无法发挥作用，所以，携带这种突变基因的人就无法表述和理解语言。在当时的人们看来，这是发现语言被特定基因编码的关键，同时也能进一步证实突变理论：人类语言是基因突变的结果，而这种突变从未在其他动物身上发生过。

然而，很快就另有研究证实，很多动物身上都有这种基因——有可能是全体脊椎动物——而且它决定的不仅仅是语言，还包括所有的结构和组织特征，

如神经系统中的神经元可塑性。这种基因的异常表现会干扰老鼠学习正常行动的能力，还会阻碍鸣禽学习歌唱的能力。在我们研究的脊椎动物中，这种基因的结构显示出惊人的相似性，构成这种基因的氨基酸成千上万，而不同动物只有一两个氨基酸不同。这么说来，假定这种基因含有部分话语系统的要素遗传密码也不算是过度发挥——不只是接收和理解讯号，还能做出有效反应。

令人惊异的是，尼安德特人的化石残骸中也发现了这种基因，这表明它至少在300 000年前就存在于人类血统中。FoxP2基因给话语系统理论提供了基因支持，也为进化论提供了可塑的基因结构。

我想说的是，语言并非是某种人类独有的适应性，而是隶属于更为庞大的结构，这种结构被很多动物所共有，也体现在组织和形态适应性当中。动物利用组织和形态适应性制造、接收和解读复杂的讯号。这种系统的发展必定会带来受自然选择影响支配的基因基础。FoxP2基因广泛存在于脊椎动物体内，这一发现表示我们有机会找到有利于动物话语系统发展和维系的其他基因。昆虫和其他无脊椎动物拥有等同于FoxP2基因的一套结构，能够促进语言的发展和运用。在探索其他动物的遗传、形态和行为的过程中，我们也许会明白，语言并不是什么孤立现象，而是司空见惯的事。用我的观点来看，动物语言已经发展了很长一段时间，我们人类的语言则只是漫长进化链上的一环。

在接下来的章节中，我会探索动物如何利用语言版本来应对种种挑战，包括找到食物，寻求伴侣，送上问候，警告同伴远离掠食者，以及表达侵略意图。

Chapter 4
HOW DO ANIMALS TALK

小心！有敵人！

我曾在肯尼亚逗留了一段时间，在那期间的某个夜晚，我陪同另外两位生物学家徒步穿越东非大裂谷的一段。裂谷中长满了猫爪洋槐——这种灌木的刺就像是猫爪——哪怕最轻微的碰触也能划得人皮开肉绽。在这里，夜色如同湿漉漉的黑色毯子，把你裹得密不透风。附近没有村庄，也没有车或者高速公路来提供额外的光线，你只能看清身前几英尺远的地方。在前行过程中，猫爪洋槐鬼魅般的身影会陡然间从黑暗中浮现，仿佛随时会气势汹汹地冲过来。四周一片寂静，偶尔会有土狼高亢的咯咯尖笑声响起，抑或是狮子在远方发出阵阵咆哮。这会让你立刻醒觉：此时此刻，在这个地方，面对着在黑暗中视觉和嗅觉都强出百倍的动物，你就是猎物，你不过是砧板上的鱼肉。灌木丛中传来的每丝动静都会让你脖子上的汗毛倒立，你所有的感官都处于高度警戒状态。你很清楚，除了大型食肉动物之外，这个地区还存在着危险的蛇类。

　　由于只有一把手电筒，我们三个排成纵队前进。突然间，道路右边大约二十英尺远的地方响起了刺耳的窸窣声。拿着手电筒的同伴循声照去，出现在光束下的是一条足有六英尺长的黑曼巴蛇。这家伙和我们的队伍呈平行线前进，只是方向刚好相反。黑曼巴蛇被当地人称为"五步倒"，因为它们的毒性非常猛烈，咬上一口，只需很短的时间就能致人死亡。巨大的曼巴蛇舒展长长的身体，以匪夷所思的速度划着"之"字爬行，就像是有人拿着标枪，接二连三地贴着地面往前投掷。然而，就在手电筒的光芒落在蛇身上的那一瞬间，它改变了方向，闪电般地直扑向我们三个。

曼巴蛇的速度很快，眨眼间就跨越了一半距离，恐惧攫住了我的心。一阵燥热蔓延过身体，我感觉到每根头发都直竖起来。整个世界似乎都消失了，只剩下两样东西：我，以及正飞速靠近自己双腿的毒蛇。我"啊"地尖叫一声，跳过一片洋槐，远远地躲开了毒蛇。我的同伴也做出了相同的动作。对恐惧的反应是最为原始的。没人会站在原地，对同行者说："我说，老兄，好像有条黑曼巴蛇在以极为恐怖的速度接近。你觉得我们是不是该采取点儿措施？"有时候，我们根本没有时间做出反应，作为动物，唯一能做的事就是发出恐惧的叫喊声。

在动物发现险情时，比如说有掠食者靠近，它就会发出警报来提醒其他动物，告诉大家有危险。通常情况下，警报是声音；但有时候是可视的动作，也有时候是化学讯号。动物为什么要发出警报？其中的确切原因不得而知。尤其是在我们的角度看来，如果有掠食者在旁边虎视眈眈，发出声音是一种十分冒险的行为，这种行为会将掠食者的注意力吸引到自己身上。除此之外，很多科学家坚持认为，动物没有自我意识，它们无法区分自己和其他动物。那这种行为就更加令人费解了，既然如此，又为什么要发出警报呢？

过去，传统行为学家宣称，警报只是动机讯号，是动物内在状态或情绪不受控制的表达方式。因此，根据动机假说，我在跳离毒蛇时所发出的"啊！"这一声大叫，只是我内在情绪的表现，而在当时的形势下，我的情绪则是极度恐惧。没错，我的尖叫声会被身边的人听到，不过从根本上说，这声叫喊毫无意义，也没有什么实际作用，除了警告同伴有事情不对劲之外，并不能给他们提供任何信息，让他们知道具体是何种危险。

我们不妨稍微改变一下外部条件：假使你也在肯尼亚。时间从伸手不见五指的午夜改为破晓时分，让你能够看清周围的环境。这一次，你不是跟我和其他两个人一起步行，而是居高临下地待在大石头上，俯视着我们三个穿越大裂谷。于是，你能看到黑曼巴蛇从远处靠近，你有时间让我们知道危险正步步紧逼。那么，你会怎么做？

　　好吧，你能爬下石头，跑过来带我们离开，但这样会浪费掉珍贵的时间。曼巴蛇的速度太快了，足以抢在你前面。大喊一句"哦，天哪！"——或者只是尖叫一声——这种方式能够表达你的恐惧，同时吸引我们的注意力，但我们的关注点就变成了你，而不是毒蛇。看来动机假说对命悬一线的我们没什么好处。可是，用大叫发出警告，声音会以每小时六百英里的速度到达受众耳中，这个举动会为我们争取宝贵的时间，我们能够利用这点儿时间来做出躲避动作，逃离险境。

　　你会大喊些什么？也许最先跃入你脑海里的警示是"危险！"或者"小心危险！"但这么说会很有帮助："黑曼巴蛇！从北边朝你们爬过来了！快跑！"只要我们能够听到你的话，你在简短的信息中给予的情报越多，就对我们逃生的帮助越大。从进化论的角度来看，我们和你有着亲属关系，你的警告拯救了我们的性命，这其中有着巨大的进化回报，因为我们是你的亲属，分享着你的基因。

　　我们再来看看，什么样的情报可以嵌入示警讯号，让其顺利地发挥作用。既然一直都在说蛇，在下面这个例子中，我就谈谈自己和另一条蛇的亲密接触。

　　时间是不久之前，地点是美国亚利桑那州，一条身长五英尺的雌性响尾蛇在我们的房子外面安了家。我们在后门廊上铺了木板，用来盖住房子底部的混凝土地基，刚好与四周的地面齐平。这些木板上有几个节孔，成了进入下面空间的方便之门。响尾蛇觉得门廊下的空间是个睡觉的好地方，既能遮阴，又能躲避潜在的掠食者。再加上老鼠会在房子下面的管槽缝隙里爬来爬去，这里也成了蛇类猎取美餐的绝佳地点。清晨，它能从节孔里爬出来，舒展舒展身体，爬过大半个门廊，晒晒太阳，让自己暖和起来。到了一天中更热的时候，它就会离开门廊，蜷缩在附近的灌木丛下面，沙漠里的景致呈棕褐色，它背上的棕褐色花纹会让它基本上处于隐身状态。

有时候，我会忘记这条响尾蛇在外面。我会步行走出后门，而它几乎就躺在我的脚下。即使习惯了它的存在，我还是会发出"啊！"之类的大叫声。这种行为反映出我的恐惧之情，害怕自己踩到它或者被咬伤。另一方面，响尾蛇有几次摇响了尾巴，并不算多么用力，但足以让我知道它的方位。反过来说，响尾蛇的行为也反映出它的恐惧，害怕我这个笨拙的生物学家没看到它的前进方向，会直接踩上它的身体，或者把它踩扁。到了最后，我不得不请一位专门研究响尾蛇行为的朋友上门，把它转移到了几百码之外的地方，那片区域有大量的岩石和啮齿动物，却没有人类。很幸运我采取了行动，因为我的朋友说响尾蛇怀孕了，很快就会有很多的蛇宝宝爬来爬去，我早晚都会踩到它们。

正如我们所见，不同种类的信息能够被编入示警叫声中。最为有用的信息很有可能就是掠食者的名字或种类。"蛇！"这条信息就比"哎呀！"要有用多了。但我很肯定，你会觉得"黑曼巴蛇！"或者"响尾蛇！"要更加有用，尤其是在听众知道这两种蛇的攻击方式的时候。

另一种方式的信息也许会指出方向，比如说，"它在那边！"或者"从树上扑向你们！"这种信息反映出危险以极快的速度接近，也非常有用。比如说，你是一只土拨鼠，获悉有只鹰懒洋洋地在高空盘旋，或者获悉有只鹰正直扑下来，绝对会产生完全不同的反应。附加类型的信息还会指明应该往哪个方向躲避，以避免受到伤害。于是，对于响尾蛇这种情况，我大概会叫道："每个人都站在原地，千万别动！"

站在这个立场来看，示警讯号和其中所包含的信息对野生动物就意味着生和死的差别。因此，我才不相信讯号仅仅出自于动机——无意识的"哎呀！"和"啊"没有任何意义，也不具备交流的动机。不，我相信这些叫声都带有指示性功能，它们涉及并提供了有实质意义的信息，描述了叫喊者身外正在进行的事件。

要是有动物甘冒风险去提醒同伴有危险，那这种行为肯定是值得的。在我看来，冒险之所以具有价值，是因为对听众来说，叫声暗含着意义深长的信息，这些信息将叫声从区区的惊叹提升到语义交流。换言之，这些示警讯号含有语义内容，功能等同于我们的词语和短语。语义内容是意义的另一种说法，表示被嵌入讯号，并被听众所译解的信息。语义内容让我们的语言有效运作，它使说话者和听众之间达成了共识，也是信息传播的渠道。一旦处于危险境地，它就会变成个体提醒和帮助同伴的方法。

动物发出的示警叫声就是破解它们交流系统密码的罗塞达石（罗塞达石：Rosetta Stone，是解释古埃及象形文字的可靠线索——译者注）。原因在于，绝大多数示警叫声都进化成了关于特定掠食者的警告。实验员能够带着录像和录音设备来到野外，等待真正的掠食者现身。他们可以录制下针对掠食者发出的示警叫声，也可以录制下猎物努力逃亡的行为。晚些时候，实验员可以趁着掠食者没真正现身的机会回放示警叫声，倘若听到的动物做出适当的反应，就证实了示警叫声包含着有意义的信息，能够指出掠食者的种类。我们还可以做些额外的实验，来探索叫声中是否编入了特定掠食者接近的方向和速率。

))) 土拨鼠的世界

说到示警讯号，有部分最为激动人心的发现都是由一种卑微的动物带来的——土拨鼠。西部草原上曾经生活着数以百万计的土拨鼠。到了今天，它们的数量下降了98%，但如果你到中西部和西南部的大草原去旅行，说不定有足够的运气看到这些了不起的小动物。

想象一下土拨鼠的生活。首先，这对人类而言可能会很怪异，因为我们喜欢明亮、光线充足的地方，而作为土拨鼠，你必须在草原地下三至十英尺深的地方度过生命中绝大部分的时光。你的地下别墅拥有几个房间——有些供你睡觉，有些则用来撒尿和便便——这里的土地就像石头般坚硬，全部房间都由在土地中打出的隧道连通。你会和另外几只土拨鼠同居，这就构成了你的社会群体，有的土拨鼠和你是亲戚关系，有的则只是你的朋友。由于缺乏在彻底的黑暗中视物的能力，你会通过亲吻来识别家人和朋友，这种行为叫做问候亲吻，土拨鼠在地面上也会这么做。

大约在六个星期大的时候，你和你的兄弟姐妹就会到阳光底下活动。在你的视线所及范围之内，四面八方全都是小土丘，它们是地道入口，也标明了你和邻居们的家族领地。你的生活中有个最为独特的事实，就是有很多入口你都不能使用——你会停留在自己的小小领地内。午餐无处不在——各种各样的植物，它们的种子和叶子都可以供你食用。但你不会跑到很远的地方去觅食，因为你的隔壁邻居，也就是其他的社会群体，会像都市人捍卫自己的庭院一样捍卫领地。

这种生活方式的不幸之处在于，谁都知道你住在哪里，当地的绝大多数掠食者都会闯到你家里来寻找午餐，你也在菜单上。天空中，有红尾鹰或金雕猝不及防地俯冲下来。地面上，狐狸、獾和土狼都在虎视眈眈地等待着走神的倒霉鬼。不知道或察觉不到掠食者的位置将迅速地导致死亡。对示警叫声的回应会带来巨大的差别，要么就死在掠食者的尖牙利爪下，要么就活着享受另一个明天。

在实验室里，我的学生和我挑选了五种土拨鼠，并破解了其中一种土拨鼠示警叫声的意义——甘尼森土拨鼠（古氏土拨鼠）。试着想象如下的画面：这是宁静而晴朗的一天，在某个土拨鼠群落里，成员们爬出地道，开始觅食。你可以分辨出它们的准确位置，因为向日葵的茎秆会忽然抖动一下，并且前后摇晃，甚至会短上一截——有土拨鼠把它当成了午餐。土拨鼠幼崽聚在一起玩

要，它们正进行模拟战斗，在领地内的小土堆间滚来滚去，激起了团团尘烟。时不时地，会有两只小动物靠近，并亲亲对方来打招呼。几只小动物三三两两地分布在领地内，直立坐在地洞顶上，负责瞭望。

掠食者的到来经常会打破这种祥和的景象。只要看到掠食者的身影，就会有一只或几只土拨鼠发出示警讯号，声音听起来就像是小鸟的叫声。我曾多次带着来访者去野外试验地，要求他们跟着我穿越土拨鼠的领地。一般情况下，会有一两只土拨鼠发出示警叫声，族群内的其他土拨鼠听到叫声就会重复传递下去，直到离我们越来越远的范围。我问来访者是否听到了土拨鼠的示警叫声，他们会一脸疑惑地回答道："没有啊，我没听到土拨鼠的叫声，但听到了好多鸟在叫。"在土拨鼠的语言中，"狗"这个字眼会让人类相信示警叫声应该是狗叫声之类的咆哮，而不是较为尖锐的鸟叫。

然而，这种示警叫声是土拨鼠（土拨鼠的英文是prairiedog，直译为草原狗——译者注）这个名字得来的缘由。在美国移民迁入西部平原的时代，他们觉得这种叫声很像是远远传来的狗叫。示警叫声被重复多次，听上去跟有节奏的狗叫没什么两样。在同一个领地内，雄性、雌性和幼年土拨鼠都会发出叫声，但是，相对于不带幼崽的雌性和成年雄性，带着幼崽的雌性土拨鼠要更喜

欢发出叫声。

在死亡阴影的笼罩下，土拨鼠的叫声中含有什么样的信息？就像我在看到蛇时"啊"的一声大叫，这仅仅是恐惧之余的反应，还是其他更为复杂的东西？

)) 又高又瘦的人类穿着蓝T恤！

其实，土拨鼠的叫声中蕴含着大量信息。通过细致的统计分析，我们发现土拨鼠针对每种掠食者所发出的示警叫声都是不同的。发现人类是一种叫声，发现土狼是另一种叫声，发现老鹰是第三种叫声，发现家犬则是第四种叫声。这些叫声的差异是如此明显，即使没有音乐细胞的人，比如我，也能清晰地听出土狼警报和人类警报的不同。我们在野外试验地研究土拨鼠期间，常常能听到示警叫声，顷刻间就传遍整个田野。这时大家会东张西望，寻找土狼、人类或者家犬，土拨鼠能隔着很远的距离，抢在我们之前发现它们。

有一次，我们以为土拨鼠犯了错误。它们给出了土狼警报，而当时，我和我的野外工作团队待在掩体中，离地面足足有六英尺高，而出现在我们视野里的是一条德国牧羊犬。我们研究的土拨鼠生活在北亚利桑那州的半乡村地区，在一至五英亩的范围内，稀稀拉拉地散落着几栋房子，周围环拥着高山草甸。这个土拨鼠族群位于草甸的一端，最近的房子也离它们有一英里。德国牧羊犬就是从房子的方向来的。据我们的猜测，它应该是某个人的宠物——在这种地方，人们会让狗随心所欲地到处乱跑，不管是什么时候。

大家都很激动，因为我们觉得土拨鼠不能辨别德国牧羊犬（狼狗）和土狼（草原狼）的不同。表面上看，这两种动物十分相似。土狼的身形要更为苗条，尾巴上的毛浓密蓬松。但有些土狼也很强壮，而且尾巴纤细。我们开始觉得，土拨鼠对掠食者的分类必然存在局限性，德国牧羊犬和土狼肯定都被归入了"土狼"范畴。我们七嘴八舌地讨论着，德国牧羊犬也离掩体越来越近了。当它大约有一百五十码远时，我的一个野外助手举起双筒望远镜看了看，说了

声"哎哟"。其他人马上问道："你这个'哎哟'是什么意思？"我们都通过望远镜查看了一番，你猜怎么着？原来还是土狼。土拨鼠并没有犯错。

假使你不能采取任何措施，知道了掠食者的身份对你也没什么好处。但实际上，此类信息还真是雪中送炭。根据掠食者的种类变化，土拨鼠会采取不同的逃命策略。我们在没有掠食者现身的情况下做过实验，对土拨鼠回放了它们针对土狼、家犬和人类而发出的示警叫声。

首先，在掠食者真正入侵族群时，我们会录制下土拨鼠的逃生过程。这项工作可不简单。土狼和鹰之类的掠食者不会在预定时间出现，你需要事先建好掩体，以躲过土拨鼠和掠食者的耳目，然后就是隐藏好行迹，等待，等待，继续等待。有时候，一整天都会风平浪静地过去。还有些时候，你的肚子饿了，抓起个三明治，恰好就在你嘴巴里塞得满满的，双手沾满黏糊糊的芥末酱的时刻，一只鹰不知道从什么地方俯冲下来，抓起一只土拨鼠，随即消失不见，你根本就来不及打开摄影机。正常状态下，会有两三个人跟你一起待在掩体里，一个人负责观察土拨鼠，一个人负责观察掠食者。你的工作就是操作摄影机和录音机。但是你不能开口说话。因为会惊吓到土拨鼠，也会让掠食者不敢靠近。所以你只能坐在原地，度过漫长的无聊时光。等到掠食者出现，土拨鼠四散奔逃的那一刹那，这种无聊才会被短暂的兴奋打破，而你也会感觉到胜利的喜悦：又一份珍贵的数据到手了。

我们发现，人类会引发整个族群的大溃逃，一旦有人类出现在领地边缘，全体土拨鼠都会奔向地洞，毫不犹豫地跳进去。而土狼引发的反应则是，全体土拨鼠会跑到地洞边缘，保持直立的警惕姿势，远远地看着土狼的下一步动作。家犬引发的反应更为缓和——无论正在什么地方进食，土拨鼠都会在原地直立起来，看向家犬的方向，直到家犬的距离过近，它们才会跑向地洞，消失在里面。家犬并不擅长捕捉土拨鼠，对土拨鼠来说，它们不算是威胁，更多的只是讨厌。俯冲向族群的鹰会引发怎样的反应呢？在鹰的直接飞行轨迹内，每只动物都会跑向地洞，头也不回地冲进去。而在飞行轨迹外的动物会直立起

来，傻愣愣地看着鹰，就像是事故现场的旁观者。

在记录逃生行为之后，我们回放了土拨鼠先前发出的警报，并再次用摄影机记录下它们的反应。跟活生生的掠食者到场一样，所有的回放都引发了相同的反应。这就告诉我们，土拨鼠能够理解示警叫声中编入的信息，还能针对不同的掠食者采取相应的逃生策略。

让我更为吃惊的是，土拨鼠将信息编入示警叫声时，并没有仅仅停留在掠食者的种类上。我们还发现，除了种类之外，土拨鼠还会混入关于个体掠食者颜色、体型和外形的信息，例如针对人类而发出的示警叫声。为了弄清这一点，我们利用研究生和志愿者设置了几个实验。你想象得到，这些人的体型和外形千差万别。我们绘制了一条穿越土拨鼠领地的路线，并告诉大家，每次都要沿着相同的路线走。我们还通过大量练习，保证了实验人员以相同的速度前进。于是，他们出发了，每次一个人，沿着预设路线走，与此同时，我们躲在掩体中记录下了土拨鼠的反应和示警叫声。万一土拨鼠习惯了这种情况，它们有可能会不再发出叫声，这并不是我们想看到的结果，所以这种行走实验每天只能进行一到两次。总而言之，这是一项相当耗时的工程。

在其中一项实验中，我们让不同的人穿上颜色各异的T恤衫。一个人穿着蓝色T恤，另一个人穿着绿色T恤，第三个人穿着黄色T恤，第四个人则穿着灰色T恤。土拨鼠在叫声中编入了每个人的粗略体型和外形信息，也加入了不同T恤的颜色信息。

在接下来的试验中，我们让两个研究生在不同时间穿越土拨鼠的领地，一个人穿着黄色T恤，另一个人穿着灰色T恤。这一次，土拨鼠发出的叫声中同样含有两个人的粗略体型和外形信息，也有T恤的颜色。其后，我们让这两个人换了衣服。土拨鼠对这两个人的体型和外形描述没有改变，但颜色却反过来了，忠实地还原了换衣服的举动。每声叫喊都是由不同频次的声音组合而成，我们调换衣服后，和颜色相关联的频次也发生了变化，以对应不同的衣服；和粗略体型及外形相关联的频次则保持不变。

到了最后，我们保持颜色不变，但增强辨识体型和外形的难度，想看看人类是否能够欺骗土拨鼠。我们让四个人穿上同样的蓝色牛仔裤，松松垮垮的实验室白大褂，戴上同样的墨镜。这一次，土拨鼠要发现其中的差异就困难多了。就算是绝大部分人类也不能看出其中的不同。只有一个人比其他三个人要矮很多，这个特征在土拨鼠的叫声中得到了正确识别。

我们用狗做了差不多的实验。我让几个志愿者带来了他们的狗。在不同的日子，每个人都会带上兴奋不已的狗，驾车来到土拨鼠的领地边缘，等着土拨鼠从汽车的骚扰中重归平静。我们给每个人都发放了双向对讲机，用信号通知他们把狗放到车外。等狗一离开车厢，我们就开始记录拍摄。每条狗的行为都极为不同。第一条狗径直跑向了它看到的土拨鼠。第二条狗只是从容地散着步，根本没在意土拨鼠，反而把花朵闻了个遍。第三条狗试图去追踪土拨鼠，它学着猫的姿势趴在地上，缓慢地爬向了一只土拨鼠。就像对待人类一样，土拨鼠根据每条狗的体型、外形和毛色，分别编制了信息。不过，由于不同的狗行为也有差别，我们发现土拨鼠会在信息中加入狗的速度——速度越快，给出的示警叫声就越密集。

有狗进入领地，土拨鼠似乎并不是太在意。但土狼就是另外一回事了。老鹰也是。这就叫做进退两难：地洞出口附近是最为安全的地方。但冒险跑到外面更远的地方，回报也许就是更可口的美食。然而，你离开得越远，跑回地洞的距离也越远。作为一只土拨鼠，你会很想知道猎物出现后的速度到底有多快。知道了这条信息，土拨鼠就能计算出它冒险离开地洞的距离，以及它要跑多快才能回到安全的地方。更重要的是，如果危险从头顶上降临，你根本就没时间连续发出叫声。

于是，当掠食者以极快的速度接近时，动物会发出单音节叫声，跟任何掠食者警报都不同。某些地松鼠也是这么做的，它们会发出单音节叫声，作为对迅速接近的掠食者的反应，不管敌人是从空中还是地面来的，只有一种情况例外，就是来者是其他地松鼠，针对同类发出的叫声就是一般意思的"快速接近"，而不是指出掠食者。如果有人跑向一只土拨鼠，它就会发出单音节叫声。相对于俯冲下来的老鹰，这种针对人类的单音节叫声在声学结构上完全不同。此外，当一个人出现时，只有一只土拨鼠发出示警叫声。相形之下，当一只土狼或一条家犬出现时，会有许多土拨鼠不约而同地发出叫声。而且，土狼或家犬的速度越快，叫声就越密集。这就表明了信息的多源性，说明了有不同掠食者在对土拨鼠发动攻击，并能描述其种类和行为。

我们将逐条信息综合起来看，就会发现土拨鼠具有类似于语法的东西。它们的部分叫声就像是名词：人类、土狼、狗、老鹰；另一部分叫声就像是形容词：黄色、蓝色、绿色、大、小；还有一部分叫声就像是动词和副词：跑得快，走得慢。这些成分能够以不同的方式组合，取决于掠食者的特征、外形和行动速度。

还有一个惊喜，就是土拨鼠能描述出它们从来没有见过的新对象。我们利用胶合板图样进行了一连串实验，从中得出了这个结论。我们使用了三种图样，全部都涂黑成黑色，分别是一个椭圆的剪影，一只土狼的剪影和一只臭鼬的剪影。土狼和臭鼬的剪影都是实体大小，椭圆则跟土狼一样大。你已经看到了我们用人类和狗做实验的结果，土拨鼠能够从体型、外形和颜色分辨出个体差异。我们想利用剪影来缩小差异性。三个剪影都被藏在伪装材料后面，接着会被滑轮组拉出，横跨整个领地三分之一的范围。我们会记录下示警叫声。每个剪影都引发了特殊的叫声。土狼剪影引发了一声叫喊，跟属于真正土狼的叫声有点儿像，但并不是彻头彻尾地一致。这倒不让人意外，剪影是二维的，真正的土狼是立体的，披着更为逼真的皮毛，而不是全身漆黑。

然而，更让我们感到吃惊的是，椭圆的剪影引发了全新的叫声。从来没有椭圆形生物在土拨鼠的领地潜伏，伺机扑向一只土拨鼠，所以它们不可能有机会为这么个奇怪的生物创造叫声。相反，它们好像就是随意地将手伸进描述性标签的储藏库，摸出了大脑中的一个词汇，用它去组合起描述，用于自己从来没见过的新事物。另一种长有黑色尾巴的土拨鼠，会发出一种音似"加普-伊普

（jump- yip）"的叫声。黑尾土拨鼠比甘尼森土拨鼠体型稍大，尾巴末端呈黑色，不像甘尼森土拨鼠那样，尾巴末端是白色的。黑尾土拨鼠生活在中西部，从加拿大的中南地带直到德克萨斯州，都是它们的领土。

土拨鼠会用后腿直立起来，伸直前腿，拱起背部，发出尖锐的叫声，听起来就像是"咦哦！"这种叫声很有感染性。只要有一只土拨鼠发出了这样的叫声，其他土拨鼠都会直立起来照葫芦画瓢，叫声此起彼伏，仿佛是足球比赛上的人浪。我见过几只黑尾土拨鼠兴奋过头的样子，它们尽量对天空舒展着前爪，弓着背，尖叫着……一不小心摔了个四脚朝天。它们会赶快站起来，看看周围有没有同伴注意到，貌似在假装没事发生。

没人知道黑尾土拨鼠为什么要发出"加普-伊普"叫声。有很多次，它们叫的时候领地里没什么意外发生。但还有些时候，它们又会在掠食者刚刚离开，或者领土争端爆发时发出这种叫声。还没人分析过"加普-伊普"叫声在不同情境下的声学结构，因此这种叫声可能有很多种。但是在碰到蛇的时候，它们也发出过这种叫声，而且，针对不同种类的蛇，"加普-伊普"叫声的结构也略有不同，相比牛蛇之类的无毒蛇，响尾蛇这种毒性较为猛烈的蛇就会引发更接近于咆哮的"加普-伊普"。在土拨鼠的世界里，要知道一条蛇是否危险，常见的方法就是看对方的头部。能够用毒液杀死土拨鼠的响尾蛇长着三角形的脑袋，而长着圆锥形脑袋的蛇动作比较迟缓，无法抓住快速移动的土拨鼠，所以就没那么危险。人们还无法确定土拨鼠是否能够区分不同的蛇，但据我猜测是可以的。记住，对于直立起来还不到一英尺高的土拨鼠来说，响尾蛇的脑袋就像是足球在我们眼中的大小。我敢打赌，土拨鼠能够区分出有毒的响尾蛇和无害的牛蛇，因为那些发现不了差别的小家伙生存不够久，没时间给自己的孩子讲述经验。

除了"加普-伊普"之外，黑尾土拨鼠跟甘尼森土拨鼠一样拥有复杂的示警叫声。这个结论要归功于我们在德克萨斯州所做的几个实验，我们照搬了在亚利桑那州对甘尼森土拨鼠所进行的研究。不出我们所料，示警叫声的结构会根据参与者的体型、外形和衣服颜色而改变。不过我们也遇到一个新困难。在实验当中，有个人拿霰弹枪开了火，枪声过后，土拨鼠针对这个人发出了极为不同的叫声，跟它们在这个人开枪之前给出的叫声有极大差别，就像是它们在叫声中加入了信息，说明了这个人现在对动物有多么危险。

))) 没时间大喊大叫

其他种类的地松鼠似乎没有这么复杂的交流系统。或者说，也许只是还没人发现它们的系统——说不定会有更多的研究来证明这个系统具有同样的复杂性。很多地松鼠和某种树松鼠有两种示警叫声，一种针对空中掠食者，另一种针对地面掠食者。两种叫声的声学结构迥然不同，前者尖锐而短促，后者带着长长的颤音。

为什么会用两种叫声来响应危急情况？有种假设是这么说的，某些掠食者，比如说老鹰和大雕之类的空中掠食者的速度非常快，让发出示警叫声的动物没有充沛的时间将叫声拉长。只有时间大叫一声"啊！"，然后老鹰就会出现在它家门口。大家回想一下我对响尾蛇的反应就明白了。别的掠食者，比如说土狼，在它们接近之前会有很长一段时间停留在视野里，所以地松鼠有大量的时间发出叫声。根据这种假说，在很长的岁月里，它们都会慷慨地发出毫无意义的惊叫声。

但上述假说无法解释一个问题，就是在面对不同的掠食者时，地松鼠为什么会发展出两种不同类型的叫喊。如果仅仅只是害怕，抑或是事出紧急，那我们就会觉得，只有一种叫声就够了，用尖锐简短的单音节叫声来标识空中掠食者，再把同样的叫声重复几次，用来标识地面掠食者就行了，反正后一种情况会有更多时间来表达对掠食者接近的恐惧之感。

动物发出示警叫声时，叫声模式暗藏着关于掠食者行踪的信息。居住在加拿大的理查森地松鼠能够提供空中掠食者的飞行路线。当空中掠食者飞过领地时，很多动物都会发出叫声。每只动物的声音都有别于其他动物，至少对于其

他地松鼠而言，我们的声音也是独特的，有些动物正好位于猛禽的飞行路线之内，听到它们所发出的叫声，领地内的其他动物就能知道掠食者正朝哪个方向飞翔。

某些地松鼠，例如旱獭，就只使用一种声音来作为掠食者示警叫声。旱獭喜欢居住在高海拔的山区。不久之前，我和几个朋友去了科罗拉多州中南部，沿着山区里的采矿小道徒步远足，我们在途中遇见了几只旱獭。我很想录下它们的示警叫声，但为了达到目的，我们必须穿越一条峡谷，再爬上陡峭的石坡，坡上满是松散的石头。在海拔一万英尺以上的地方，跑下峡谷，爬上陡坡，只是为了让一只旱獭发出示警叫声，这简直是莫大的挑战，没有人愿意当志愿者。幸运的是，我的朋友们带着艾瑞斯，它是一只雌性杰克罗素梗犬，愿意做任何事情，去任何地方。要是你曾跟杰克罗素梗犬相处过，就知道它们身上像是被装了永不衰竭的高能电池一样，永远都忙忙碌碌。我们企图让艾瑞斯跑向旱獭，但它对采矿小道上分布的气味太感兴趣了。与此同时，旱獭给出了示警叫声。艾瑞斯闪电般地蹿了出去，直扑向旱獭所在的位置，又在附近跑了一圈，因为有好几只旱獭也发出了警报。当天我获得了很棒的录音资料。当艾瑞斯的距离较远时，旱獭的叫声十分频繁；但艾瑞斯靠近时，叫声反而越来越少；到了它们集体保持缄默的时刻，艾瑞斯恰好就在它们身边。

就像紧急反应假说所推论的那样，有几项研究已经证实旱獭在高风险状态下会较少发出叫声，而在低风险状态下会发出较多叫声。无论在什么地方，旱獭一般都会把一通示警叫声的音节控制在一到二十。音节的数量跟掠食者的类型没有关系，但跟个体动物对风险的认知有关。绝大多数时间，空中掠食者比地面掠食者的危险系数更高，这就导致旱獭使用单音节来标识猛禽，用多个音节来标识地面掠食者。

一种名为东部花栗鼠（东美花鼠）的地松鼠所发出的叫声既包含了信息，又表达了恐惧。在跟掠食者遭遇时，这种花栗鼠会发出三种类型的信息：首先是吱吱叫，它们在侦测到空中掠食者的时候会发出一连串尖锐的音调；再就是咯咯叫，它们在侦测到地面掠食者时会发出一连串低沉的音调；最后是颤音，只有它们逃离掠食者的魔爪时才会发出这种低振幅的多音节叫声。上面提到的吱吱叫和咯咯叫中蕴藏了不同掠食者的信息，告诉同伴危险来自空中还是地面；而颤音则是为了表示逃命时的恐惧之情。

另一种叫做猫鼬（细尾獴）的地面居民针对地面掠食者和空中掠食者所发出的叫声也截然不同。猫鼬生活在东非，这种小动物的体型就跟土拨鼠差不多，往往是一大家子住在一块儿，它们需要面对老鹰、雕和各种各样的地面掠食者的威胁。猫鼬家族通居住在废弃的蚁丘里，这种东西有四到五英尺高，在非洲算得上是庞大的建筑了。猫鼬在蚁丘内的隧道里生活和睡觉，去外面寻找昆虫和小动物，就像土拨鼠离开洞穴去寻找绿草和鲜花为食。猫鼬也会像土拨鼠那样用后腿直立起来，留意着它们认为有危险的事物。当猫鼬发现掠食者时，就会给出示警叫声，至于空中还是地面警报，则取决于它看到的具体掠食者类型，生活在同一家族里的其他成员会采取适当的逃生策略。猫鼬还会在叫声中加入对紧急情况的处理，告知其他动物必需的直接反应。到了这里，我们可以清晰地看到动机因素的结合，比如说对掠食者的恐惧，并结合了相关因素；比如说对掠食者类别的描述。猫鼬和花栗鼠的行为告诉我们，示警叫声不一定要在动机和指示性交流之间二选一。相反，它们可以轻松地鱼与熊掌兼得，就像是我可以惊恐万分地大叫："黑曼巴蛇！"

))) 当鸟鸣变得惊恐万分

鸟儿的示警叫声也被人们认定为是恐惧的表达，而不是为了传达潜在掠食者的相关信息。通常，在侦测到掠食者后，鸣禽会发出被命名为单玻叫声（seet call）的音调，原因是这种音调的音频很高，基本上都是纯音，就像单层玻璃片。人们觉得鸟儿发出这种叫声是有益的，因为老鹰和猫头鹰之类的鸣禽天敌无法轻易找到。这种主张的逻辑基础是我们人类的能力，我们在定位高频纯音来源方面能力很薄弱。

下次再听到蟋蟀叫时，尝试一下快速找到它。虽然蟋蟀的叫声不带有纯音，但音频也非常狭窄，对我们的耳朵来说就像是腹语，我们很难找到其来源。有次我去了一个完全封闭在室内的大型购物中心，我坐在长凳上，身边是几棵塑料植物，不知道是仿造什么品种做出来的。假植物根部传来了蟋蟀的叫声，我企图找到它，但使出九牛二虎之力也没法找到确切位置。后来我跪下去，用双手在地上匍匐前进，搜寻着蟋蟀有可能躲藏的地方。其他人停下脚步，问我在做什么，我说是在找唱歌的蟋蟀。有几个乐意帮忙的人也学着我的姿势趴下去，在植物根部附近翻腾，想看看能不能把蟋蟀赶出来。

但蟋蟀还是不见踪影。于是我开始向大家解释蟋蟀叫声的腹语原理，以及定位叫声来源有多么困难。就在那时，我的手拂过塑料植物旁边的泥土，摸到了一个半埋在土里的小扬声器。我把耳朵凑近扬声器，听到里面传来了蟋蟀的叫声。哎呀！原来是这样，为了增强这种伪大自然的效果，购物中心会通过扬声器播放蟋蟀的叫声。我本来还在想，蟋蟀怎么能够在这种人造环境中生存，这下子疑问一扫而空了。我解释了真正发出声音的是什么东西，但那些趴在地上帮忙找蟋蟀的人并没有因为真相而喜欢上我。

在科学界提出并接受单玻叫声的观点之后，有人决定看看猫头鹰是不是真的无法准确定位单玻音的来源。一系列的实验显示，苍鹰和仓鸮都能极为精准地把脑袋转向发声处。并不是所有的老鹰和游隼都擅长定位单玻音，也许这招能让鸟儿从某些掠食者那里获得小小的保护。

一般情况下，其他鸟儿，甚至是不同的种类的鸟儿，都会在听到单玻叫声时僵立在地面或灌木丛中。某些鸟类会利用这种僵立姿势来实施小小的骗局。在欧洲的冬天，很难获得种子之类的食物，尤其是在暴风雪期间。大山雀以种子为主要食物来源，但更多好斗的麻雀会跑来抢食。因此，大山雀有时会发出假的示警叫声。麻雀听到叫声就会离开食物，飞进灌木丛中，一动不动地隐藏起来，在它们觉察到并没有掠食者，再次回来抢食之前，大山雀会尽可能多地吃掉种子。

很多鸟儿会使用另一种类型的示警叫声，叫做攻击叫声。跟单玻叫声不同，攻击叫声并不以纯音为主，而是多频音调的集合，带有沙哑、刺耳的质地。一只鸟儿发出攻击叫声时，其他鸟儿会循声飞到声音来源地，如果有掠食者在场，鸟儿就会群起攻之。一只老鹰能轻而易举地杀死一只鸟，但假使有十多只鸟儿聚成团大声鼓噪，它会选择迅速离开。在巢穴受到攻击时，筑巢的鸟儿经常会发出攻击叫声以召唤同伴帮助。

就在写下这些文字时，我听到窗外传来了阵阵攻击叫声。在我们的前门旁边，有几只塞氏菲比霸鹟（棕腹长尾霸鹟）选择了户外灯柱建造巢穴，并孵出了幼鸟。鸟爸爸和鸟妈妈不知道从哪儿抓到虫子，源源不断地带回鸟窝，鸟宝宝也在食物的滋养下越长越大。我惊叹于它们所抓到的虫子的数量，其中有绝大部分我都没在鸟喙之外看到过。一直以来，我们像骄傲的父母那样看着幼鸟，期盼着它们飞上天空的那一天。就像是人类的空巢家庭一样，我们也会获得解放，因为在幼鸟成长期间，为了不打扰这些小东西，我们总是不敢使用前门，而是从车库门进出。我们热切地等待着再次使用前门的机会。

这次的攻击叫声格外尖锐，与往日极其不同。我站起身来，

走到外面。塞氏菲比霸鹟夫妇站立在一旁的树枝上，正用最大的音量发出尖叫。在不远处的仙人掌丛中有一处朱雀的巢穴，那边的主人也同样在尖叫。引发尖叫的元凶是一只巨大的乌鸦，正蹲在附近的灌木上虎视眈眈，显然是想飞到巢穴上空，抓走一只或几只幼鸟。我就像是家长驱赶要揍自己孩子的恶霸那样，冲向乌鸦的方向，边跑边大喊大叫。乌鸦振翅飞到了另外一丛灌木上，样子有点儿厌倦，貌似在说"你不是在开玩笑吧"。我再次大叫着跑了过去。这一回，乌鸦肯定是觉得几只幼鸟不值得惹出这么大麻烦，要去跟一个疯疯癫癫的人对抗，于是它飞走了，看样子是去到别的地方碰运气。

在某个时代，生物学家认为很多种类的鸟儿发出的攻击叫声都是一样的，所以鸟儿听到叫声就会立即做出回应，即使声音来自于其他种族也无所谓，因为它的同族伙伴会发出同样的叫声。然而，自从有人开始研究攻击叫声的结构之后，他们就意识到各种鸟儿所发出的叫声千变万化，就算表面上听上去是一样的，但不同的叫声由不同的音频组成。现在看来，鸟儿能够学习其他种族的攻击叫声，并学会了将攻击叫声和具备攻击能力的掠食者结合在一起。

黑顶山雀（黑帽山雀）的攻击叫声十分复杂。当它们看到栖息的猛禽时，就会发出此类叫声。叫声由"吱吱"和"咋"两部分组成。"吱吱"部分有一到三个音节，按照惯例被标注为A、B、C音节；而"咋"部分则只有一个音节，但会重复一次或多次，被标注为D音节。根据某项研究的分析，鸟儿在针对不同体型的掠食者发出攻击叫声时，比如矛隼、游隼、鸡鹰和侏格米猫头鹰，D音节的数量跟空中掠食者的身长和翼幅有着直接关联。另一项研究对黑顶山雀的亲缘物种北卡罗纳山雀进行了分析，结果表明，这些鸟儿会在看到红尾鹰之类的大型掠食者时发出更多的"吱吱"叫声，而在看到体型较小的掠食者时，如东部鸣角鸮，则会发出更多的"咋"叫声。从概念上讲，这就跟土拨鼠发出的描述性信息一样，提供了潜在掠食者的体型、外形和颜色。

就像地松鼠那样，有些鸟儿也拥有针对空中和地面掠食者的叫声。家鸡（原鸡）就是一个例子。在世界范围内的很多文化里，家鸡过着半野生的生活，会同时受到老鹰和地面掠食者的攻击。它们还拥有大量的其他叫声。从1942年直到20世纪七八十年代，圣迭哥动物园里饲养着大量的半野生原鸡，也就是家鸡的近亲。研究人员录制下这些原鸡在各种情境下发出的叫声，发现它们拥有二十多种不同的叫声，自然也包括示警叫声。当时，原鸡在动物园里随处可见，游客们也以和它们交流为乐。原鸡似乎并不在乎人类，会等孩子们走到身边之后再骄傲地走开，跑到孩子们无法尾随的篱笆后面。悲哀的是，我今年去游览了动物园，却看到原鸡不见了。

也有人对关在户外养鸡场的家鸡进行了研究，从中获知家鸡会针对空中和地面掠食者发出不同的叫声。空中示警叫声用于老鹰、乌鸦、秃鹰和冠蓝鸦，地面叫声大多是用于经过它们所居住的养鸡场的行人。这就凸显出一个问题，因为叫声收集工作是在家鸡被关在户外养鸡场期间进行的，除了空中和地面掠食者，它们本可以对另外一些因素给出回应——有可能是简单的动作，或是某个图像在它们视野中的大小，又或是掠食者跟它们之间的相对距离。

为解决这个难题，实验员设计出了方法，就是让家鸡在监控器上看到掠食者。他们播放了计算机合成画面，分别是一只翱翔的猛禽和一只浣熊，并录下了家鸡在看到画面后发出的示警叫声。他们回放了公鸡和母鸡所发出的叫声，空中猛禽警报让家鸡蹲伏在地上，仰头望着天空——得知有飞翔的鹰出现，这种行为是典型的反应。陆地动物警报则引发了直立姿势的警戒姿态，仿佛家鸡试图在寻找陆地掠食者的踪迹。不过，家鸡不会标识特定的掠食者，却会标识出掠食者的攻击方式。实验员用电脑生成了浣熊在空中飞翔的图像，家鸡给出了空中掠食者的警报，这就表明它们没将浣熊当成特定的掠食者，只需要看到在空中飞翔的东西，就能会把其认定为潜在的掠食者。

))) 猴子看见，猴子说话

长久以来，人们都有一种执着的信念，就是我们要想在其他动物身上找到人类语言的起源，那绝对应该是灵长类动物，因为灵长类动物在进化期间跟我

们最为接近。每当我谈论起自己以土拨鼠为工作对象时，人们总是惊讶于卑微的啮齿动物竟然会有如此复杂的语言。同样是这部分人，却不会对某些灵长类动物具有复杂的示警叫声而感到诧异。

某些灵长类动物跟家鸡和地松鼠一样，也拥有针对空中和地面掠食者的叫声。在侦测到猛禽和地面掠食者时，生活在马达加斯加岛的环尾狐猴（节尾狐猴）和维氏冕狐猴（氏冕狐猴）会发出不同的叫声。虽然这两种狐猴在某些方面有着相同点，但它们面对不同掠食者所发出的叫声却存在声学差异。在回放过程中，环尾狐猴和维氏冕狐猴一听到本种族的空中掠食者警报，就会迅速爬到树上。更有趣的是，马达加斯加的野生环尾狐猴能够分辨出马达加斯加狐猴所发出的两种不同叫声，但日本的圈养环尾狐猴在听到回放时却没有这种能力。于是问题出现了：野生环尾狐猴能够听懂马达加斯加狐猴的叫声，而圈养环尾狐猴失去了这种能力，是它们没机会听到这些叫声吗？据我的猜测，答案是肯定的。

当然，某些灵长类动物也能跟土拨鼠一样提供掠食者的种类信息。长尾猴（草原猴）在灵长类动物中是最广为人知的例子。长尾猴生活在东非的热带稀树草原上，那里稀稀拉拉地生长着金合欢树和其他树木。有大量的掠食者把它们视为猎物，这点跟土拨鼠很相像。它们聚群而居，这点跟土拨鼠也很相像。但跟土拨鼠不同的是，它们会以小群体为单位四处游荡，所以它们偶然会跟掠食者狭路相逢。它们所遭遇的掠食者有老鹰、豹子和蟒蛇（蛇）。当它们看到掠食者时，就会发出示警叫声。研究显示，长尾猴会针对上述掠食者发出不同的叫声：老鹰是一种，豹子又是一种，而蟒蛇则是第三种。

在阅读过长尾猴的研究资料后，我决定亲自去看看这些猴子。我从肯尼亚的内罗比驱车前往纳库鲁湖，那里有一大群长尾猴在湖边生活。纳库鲁湖的面积非常广阔，长尾猴的栖息地生长着巨大的金合欢树，在茵茵草地上投射下片片树荫。离此地不远就是湖边，数百英尺高的花岗岩峭壁拔地而起。峭壁底下聚居着好多狒狒，它们每天早上都会跑到路上，通过持续不断的大叫和争吵，让隔着老远距离的人也能知道它们的存在。狒狒就像商场里的半大孩子那么吵闹。

金合欢树丛中潜伏着豹子，它们最喜欢的食物就是猴子。草丛中潜伏着蟒蛇，它们最喜欢的食物也是猴子。半空中潜伏着老鹰，它们最喜欢的食物碰巧是……你猜到答案了吗？猴子。

我选择金合欢树下的草地作为宿营地，在松软的泥土上搭起了两座帐篷。当天晚上，有一声或几声豹子的咆哮声断断续续地响起，把我给吓了一跳。咆哮是刺耳的呜咽声，类似于电锯声和口哨声的混合体。我的野外助手是个肯尼亚人，他被咆哮声吓得魂不附体，坚持要睡在卡车里过夜。我拒绝了。他爬进卡车，锁上了门。大型猫科动物有时候会吃人，但人类并不是它们的首选。绝大多数时间，猫科动物只会在肚子饿的时候才攻击人类，这很有可能是因为人类的味道并不好。有时候，大型猫科动物也知道人类是比较容易的下手对象：20世纪初，在肯尼亚的察沃地区，狮子会走进铁道工人的帐篷里，抓住一个人拖走当晚饭吃。不过这只是一种后天养成的嗜好。时至今日，即使是在肯尼亚的野外，吃人的猫科动物通常没太多机会去尝鲜。

次日早上，我醒来之后，在两个帐篷周围都发现了豹子的脚印。我的助手看到我还活着，显得非常惊奇。尽管我毫发无损，他还是不肯从卡车里出来。于是问题很快就找上门了。纳库鲁的金合欢树枝上长有用来防御的长刺，足以扎穿轮胎。因此我在丰田卡车的车顶上绑上了四个轮胎，四个轮胎同时被金合欢刺扎穿的事情极为罕见。没了这四个备胎，麻烦可就大了。

早上醒来后，我看到右前胎在夜间瘪掉了。我需要助手帮我从车顶上拿个轮胎下来，用千斤顶撑起卡车，换上新轮胎。他不肯让步。他告诉我，有些豹子的真正身份是变成动物形态的萨满教巫医，能对普通人施放咒语，让他们患上可怕的肚子疼而死去。他说他的爸爸就是这样死掉的，在碰到豹子形态的萨满教巫医之后。他还说，因为我不是非洲人，大概对咒语免疫，但他肯定没有免疫能力。

最后，在百般恳求和哄骗之下，他才从车里出来帮忙。在我看来，关键在

于我对他说，如果他不帮忙，我会在那里停留一周或更长的时间，反正车里装满了水和食物，我又有露营所需的一切用品；但如果他愿意帮忙，我们会看看长尾猴就离开。

换过轮胎后，我开车去寻找长尾猴，我的助手坐在汽车后座上。在离营地大约一英里的地方就有一小群猴子，我缓缓地朝那边开去。天热得令人窒息，温度超过了华氏一百度，空气湿度也相当高。我们的衣服贴在身上，汗水顺着脸颊往下流淌。我开着车窗，企图让一点点风吹进来。我把车子驶向一棵金合欢树，树下有只带着宝宝的雌性长尾猴。让我吃惊的是，猴妈妈居然跑向车子，从敞开的窗户跳了进来，掠过我的脑袋，直奔后车厢，开始乱翻东西，足有一分钟的时间，我和助手张大嘴巴坐在座位上，不知该如何是好。随后，猴妈妈再次越过我跑了出去，抓着一盒找到的饼干。它回到宝宝身边，用爪子挖破纸盒，掏出几块饼干，母子两个心满意足地坐下来，边享用着午餐，边欣赏游客们的滑稽动作。

但对于猴子来说，掠食者是非常严重的问题。研究猴子的实验员回放了每种类型的示警叫声，猴子也做出了不同的反应。播放老鹰警报时，猴子会跑上金合欢树，躲进树冠中间，由于外面树枝的重重遮挡，老鹰很难抓到它们。回放豹子警报时，猴子也会跑上树，但会躲在树冠外围，那里的树枝比较细，能够支撑猴子的重量，但无法支撑身体更重的豹子，所以豹子也很难抓到它们。而在回放蛇的警报时，猴子会用后腿直立起来四处张望，很显然是想确定蛇的位置。

科学家们试图弄明白有多少猴子懂得不同的叫声。猴子是否只是出于恐惧而做出回应？而且碰巧拥有三种不同的恐惧关联叫声？或者，它们能够意识到自己的叫声能够警告其他同伴？研究人员想要通过回放不同猴子的叫声来解决这个问题，其中还用到了一种名为"习惯化—习惯戒除"的原则。

在学习理论当中，习惯化是一种简单的学习，外界环境中总是存在恒定刺激，而习惯化也会随之发生：神经系统会过滤掉这种恒定刺激，一段时间后，动物就会觉察不到刺激的存在。正如我坐在这里写下这些文字，现在正是炎炎夏日，空调风扇呼呼作响，发出持久不变的噪声。大部分时间，我都没注意这些噪声——我的神经系统通过习惯化过滤掉了噪声。假使噪声发生了变化——举个例子，风扇发出了突兀刺耳的声音——那我会马上注意到那种声音，也会注意到风扇的旋转声，靠的就是习惯戒除。将这种习惯原则延伸到某些情境下，让动物或人类习惯某种事物，那他们就不会为此感到困扰。在野外研究动物的人常常能近距离接触动物，就是因为动物习惯了人的存在，只要环境不发生改变，它们就会一直保持这种不以为然的状态。

在"习惯化—习惯戒除"的实验当中，研究员多次播放了个别猴子所发出的豹子警报，当然了，每次豹子都没有真正出现。几次回放之后，其他猴子都习惯性地忽略掉了这种特定的示警叫声——最初发出叫声的猴子失去了诚信。当研究员播放另一只猴子发出的警报时，所有猴子都会爬上树，躲到外围的树枝上。这就证明，猴子能够甄别来自特定个体的叫声，并能评估叫声中是否包含了有用信息。如果我们将某只猴子的叫声打造成"狼来了"版本，其他猴子就会选择无视该个体的叫声，但不会忽略另外个体发出的同类叫声。研究员从这点推断出，猴子的叫声并不只是用来表达内心的恐惧（在看到豹子时，恐惧可能是它们所产生的感觉的一部分），其他猴子会通过某些固有的本能程序进行回应，但它们还是力图通过叫声来将有意义的信息传递给同伴。

还有人对生活在非洲象牙海岸的狄安娜长尾猴和坎贝尔猴进行了研究，结果同样证实了这些猴子会针对老鹰和豹子发出不同的叫声。一系列的回放实验表明，狄安娜长尾猴和坎贝尔猴都会对叫声的种类产生反应，对于掠食者和发警报猴子之间的距离（方式等同于地松鼠用单音节标识距离较近的掠食者，用颤音标识距离较远的掠食者），或者掠食者的高度（它们会用家鸡回应空中警报的方式来对付一切上方的东西，用家鸡回应地面警报的方式对付一切在平面的东西）则不感兴趣。每种猴子的叫声都拥有各自的声学特点，但狄安娜长尾猴和坎贝尔猴能区分出对方的示警叫声，并按照自己的方式给出反应。举个例

子，如果有坎贝尔猴听到了狄安娜长尾猴发出的豹子警讯，就会发出自己特有的豹子警讯。

坎贝尔猴的示警叫声中带有一个修饰语，用以表达较低的危险程度。比如说，它们看到一只老鹰，并且认为老鹰不是迫在眉睫的危险，那它们就会发出老鹰警报，但会在警报前加上两下响亮的"嘭嘭"声，就像是在名称之前放上形容词。狄安娜长尾猴已经学会了这条规则。当它们听到带有两下"嘭嘭"声的警报后，就不会发出自己的警报来做回应。它们非常明白句法在坎贝尔猴警报中的重要性。

坎贝尔猴还会使用一项规则来修改叫声的意义，这在人类语法中被称为词缀法。在人类语言中，在词语或词干后面增加后缀就能改变其含义。这个方法叫做词缀法。例如，我们能在"母亲（mother）"后面加上表示"性质、状态（hood）"的后缀，来将"母亲"这个词语的意思改变为"母性"。雄性坎贝尔猴的示警叫声分为两部分：开头部分和充当后缀的结尾部分。这里的后缀能够改变叫声的意义。通过添加后缀，老鹰警报能够变成另一种叫声，表示由很多鸟儿引发的大骚乱；又或者，豹子警报能够变成一般的示警叫声。

))) 你的示警讯号是什么？

当我们试图去了解声学示警讯号的语言形式内容时，却对视觉讯号的语言学内容一无所知。我们知道人类在交流中会经常使用视觉讯号。美式手语（ASL）具有语法结构，也具有语义内容，但很多年来，语言学家都认为美式手语不具备成为一门语言的足够条件。我们很难解析动物视觉讯号的语义性质，即使能够做到，也很难像回放声学讯号那样去复制视觉讯号。

我多次看到土拨鼠受惊的时候会直立起来，摆出警戒的姿势。但它们并不是一下子就直立起来，相反，整个过程很不连贯，它们会先抬起半个身体，犹豫片刻，然后抬起身体，再犹豫片刻，直到最后才全部舒展开来，用后腿支撑着身体，直挺挺地站起来。我猜这可能是某种视觉讯号，跟声学示警讯号一样

具有某种语义，但量化不同的姿态，再向其他土拨鼠展示，以获得可预见的反应，几乎是不可能完成的任务。

))) 散发出警告意味的东西

我们对视觉讯号所知甚少，同样，我们对化学讯号的理解也很浅薄。也许是因为我们的语言主要依赖声音，而且我们并不擅长有意识地去嗅气味，我们在处理信息素方面有点儿不太上道。信息素就是动物所发出的化学讯号，用于影响和提供信息给其他动物。在我所在的城市，当地商场的某个入口附近集中了所有的香水。每当我走进这个入口，都会被各种各样的气味所淹没。这些气味来自于琳琅满目的试用装，还有正在尝试各种香水的人。假使有种气味我特别喜欢，我完全没有办法描述它，就是完全找不到合适的语言去形容。假使是种颜色，我大概还能想到"淡紫色"。我还是不知道这种颜色具体是什么样子，但要是我告诉妻子，某件衬衫是淡紫色的，她会准确无误地知道我想要表达的意思。但在描述气味时，我缺乏像"淡紫色"这样的对应项。我们都是如此。尽管有些人描述气味的能力比绝大部分人都要强，他们能够品评葡萄酒，或用鼻子来准备食物；但总起来说，这是我们人类的弱项。长久以来，我们连气味在生活中发挥了多大作用都不清楚。

在描述性层级上，我们都知道很多昆虫会使用信息素来进行交流，包括发送示警讯号。但我们并不知道是否具有语义内容或语法。在能够制造化学示警讯号的动物当中，我们对蜜蜂最为了解，因为蜜蜂在经济上对我们最为重要。在我们的日常饮食中，有大概超过70%的水果和蔬菜都要靠蜜蜂来授粉。没有蜜蜂，我们的饮食就会变得平淡乏味。

我所居住的房子位于亚利桑那州的沙漠中，那里有许多动物跟我共享生存空间。我在前面提到过塞氏菲比霸鹟，它们在前门的灯柱顶上筑了个巢。花园门附近，巨大的收获蚁在混凝土的裂缝里安了家，所以我们必须在走来走去的时候避开这些虫子。它们有时候会聚集起来，那就肯定表示大风暴即将来临。

当我们能够打开前门灯的时候——筑巢的鸟儿总算走了——又有无数的昆虫被灯光吸引过来。为了这些美味的昆虫，一对木蝎夫妇也把家安在了这里。这两只蝎子是潜在的危险，它们的螯针上带有神经毒素，对人类来说是致命的。一天晚上，我和妻子从杂货店满载而归，我们买了些冰块，用带有滚轮的冰盒装着。妻子负责把冰盒推进家里，而我负责搬运其他杂货。忽然间，她发出了尖叫，我赶过去一看，发现她正跟一只木蝎赛跑，看看谁能先到达前门。结果妻子赢了。

几年前的夏天，有些蜜蜂在屋瓦上找到了一条裂缝。颇有进取心的蜜蜂肯定是发现这条裂缝是它们访问阁楼的通道，于是整个蜂群搬迁进来，建起了蜂工场。很快，我们家就蜂来蜂往了。只要它们不来打扰我们，我们也很乐意听之任之。所有的蜜蜂都很和蔼，当我们走过房子的那部分区域时，它们会随随便便地从我们身边飞过，检查检查我们要干什么，但对其他事情都漠不关心。

去年夏天，形势改变了。最初，我注意到蜜蜂的飞行速度变得很快。典型的欧洲蜜蜂（意蜂）爬行动作很迟钝，飞行速度也极为缓慢，就像是超载的运输机勉强升上天空。这些新来的蜜蜂却动作敏捷。我想：这可不是好兆头。我在非洲野外工作时，会静静地坐在试验地观察岩狸，会录制下它们的叫声。雄性岩狸会发出领地叫声讯号，宣告对它们对房产的所有权。那实际上是个石头堆，被当地人称为小丘，里面居住着占统治地位的雄性岩狸，几只雌性岩狸，还有它们的孩子。每只雄性岩狸都有它独特的声音，它们会在清晨和傍晚发出一波又一波尖叫，好让居住在其他石堆的雄性知道，这个石堆已经被占领了，它们没机会搬迁到更舒适的地盘，企图入侵的行为会遭遇一场硬仗。我坐在原地一动不动，只有录音机在沙沙旋转。一只非洲蜂（杀人蜂）不时飞过来查看我的动静。这些蜜蜂的飞行速度真的太快了。它们能刷地一下飞到我面前，在离我鼻子一英寸的地方盘旋，嗅闻我的气味，来评估我对它们族群的威胁等级。我必须要保持绝对静止，因为非洲蜂的脾气很坏，万一它们被惹火了，就会释放出示警信息素，召唤来蜂巢里的同伴，那些家伙会很愿意付出生命代价，来蜇刺激怒了它们某个成员的动物。一滴蜜蜂毒液比一滴响尾蛇毒液要更有杀伤力，因此这是十分严重的事情。

跑到我房子里的这群蜜蜂很像是我以前见过的非洲蜂，我知道非洲蜜蜂正从亚利桑那州南部往我所居住的沙漠中央迁徙，所以我怀疑，这些蜜蜂取代了以前那群温顺的蜜蜂。愉快地共享屋顶的日子一去不复返。不久之后，这些蜜蜂就绕着我的车飞来飞去，砰砰地撞击着挡风玻璃，围着我的脑袋兜圈子。我和妻子被它们蜇到只是时间问题，我对这个问题心知肚明。而一旦发生这样的事情，就会有成千上百只蜜蜂倾巢而出，来回应示警信息素，而且每只蜜蜂都以蜇到我们为终极目标。想到这里，我怎么也高兴不起来了。

我并不想伤害这群蜜蜂，于是我给当地的养蜂人打了电话，对方在电话里回答我说，他可以把蜂后和大多数蜜蜂转移走，驯养在到他那边的蜂箱里。养蜂人来到我家，穿上防护服，搬出梯子，说要先去看看蜂群。他装备齐全地走到门口，就像是来自外太空的外星人。他全身都穿着厚实的帆布服，头戴厚实的帆布头罩，脸上罩着金属网，厚厚的手套让他的手比正常型号大出了一倍。我告诉他，我一定要在一个小时后出门去参加某个会议，不能被任何事情耽搁。他向我保证说，等他移走蜂后，蜂群很快就会安顿下来，我完全不必担心。

半个小时后，有人敲响了前门。我们的门由两部分组成，外面是一层纱窗门，里面是木门。天气宜人时，我们会打开木门，只关上纱窗门，这样既能让沙漠里的微风吹进来，又能把成群的沙漠苍蝇、黄蜂、甲虫和蝎子拒之门外，

这些虫子可是万分期望能够成为房子里的住户。我打开木门，隔着纱窗门看去，站在外面的是养蜂人，他正被大约五百只蜜蜂团团围住，不断有蜜蜂疾冲向防护服，叮在厚帆布上，又掉落在地上死去。养蜂人表示很抱歉，他建议我这会儿最好不要外出。事实上，他还继续告诉我说，最好一整天都待在室内；打电话通知邻居们，也最好天黑之前都不要出门。

养蜂人解释说，这百分百是非洲蜂群，也是他所见过的最凶悍的蜜蜂。他也拿这些家伙无可奈何。这些蜜蜂攻击性太强，不适合养在蜂箱里，我们不得不想别的办法来安置它们。成千上万只蜜蜂汇集起来，包围了整栋房子，我眼睁睁地看着养蜂人走向汽车，有二三十只蜜蜂努力地想跟着他钻进车厢，他连连挥着手，飞快地爬上了车子。汽车驶出老远，他还会偶尔挥几下手，赶走落在他头上的蜜蜂。

蜜蜂把我们足足囚禁在室内二十四小时。即使到了晚上，我觉得它们可能平静下来，回到蜂巢去了。但是打开门廊灯一看，却发现怒火中烧的蜜蜂聚集在灯泡上，还有几百只在翩翩飞舞。第二天，蜜蜂比我们起来得还要早。它们想要狠狠蛰刺打扰了蜂群平静的人，这种欲望并没有被时间抚平。隔着窗户看去，成群的蜜蜂正在绕着房子飞舞，一圈又一圈，就像是跑步的人踏上了没有尽头的跑道，又像是仓鼠爬上了转轮。蜜蜂释放出的示警信息素具有如此强大的力量，而且一直挥之不去，让蜂群陷入了持续的疯狂状态。

就在这时，我记起自己曾经去过亚利桑那州图森市，访问了那里的美国农业部卡尔·海登蜜蜂实验室，还跟一位名叫贾斯汀·施密特的非洲蜂专家聊过天。我告诉贾斯汀，因为长期在野外工作，我很担心非洲蜜蜂；我还问了他，假如独自在外时遇到了蜂群应该怎么办。我当时的想法是披上雨衣或者塑料篷布，尽快包裹住身体，以防被蜜蜂攻击。贾斯汀枪毙了这个想法，他说蜜蜂非常顽固，会僵持好几个小时。我在篷布下面坚持不了多长时间，不足以让蜜蜂放弃攻击并且离开。贾斯汀还说，执着这个特性会驱使蜜蜂搜寻篷布上的孔洞来蛰我。我会需要空气，而任何气孔对愤怒的蜜蜂来说都是高速公路。现在我

所看到的执着场景正是贾斯汀所描述过的。

释放示警信息素来作为对干扰的回应，看似愚蠢，似乎只不过是应激反应而已，但这种行为背后有更多故事。蜜蜂拥有至少二十种不同的化合物来调节防御反应，其中五种化学物质用来帮助警卫蜂，它们在蜂巢入口处巡逻，一旦有发生干扰的迹象，警卫蜂就会发出警报，召唤蜂巢内的其他蜜蜂到入口来。而等家族成员赶到后，另外两种化学物质就会让蜜蜂倾巢出动。这两种物质来自于蜜蜂的不同身体部位，其中一种物质叫做乙酸异戊酯（IPA），由跟螫刺相联的细胞分泌；另一种物质叫做2-庚酮，由跟上颚相联的腺体分泌。这些化学物质的相对浓度帮助蜜蜂飞出巢穴，决定下一步的行动。低浓度的乙酸异戊酯和2-庚酮告诉蜜蜂，它们应该发动攻击。然而，低浓度的乙酸异戊酯和高浓度的2-庚酮则告诉蜜蜂，它们应该飞出巢穴，但不需要发动攻击。

在蜜蜂的世界里，不同的化学信息素就是不同的词语，传达着各式各样的语义，引发必需的反应。通过改变化学物质的浓度，蜜蜂能够互通精确的信息，包括它们为抵抗攻击者要发起怎样的防御，以及其规模大小，就像是我们使用形容词和副词修饰词语的内容。拥有二十种化学词汇的词典，而且每种化学物质还能调节浓度，就像是拥有了为数众多的编辑器；蜜蜂就是利用这两样工具来传递群体防御信息，其精妙程度是我们无法想象的。我们对气味没有这么大的依赖性，所以很难欣赏到信息素传递的信息有多么微妙。

非常遗憾，最后我被迫请来害虫防治人员，杀死了这群蜜蜂。我很抱歉使用了这种手段，但在看到养蜂人的样子后，我知道蜜蜂把自己当成了这里的主人，谁都没有理由侵扰它们的家园。不采取行动，我就是把自己的性命——还有妻子的性命——交到了它们手中。其实，蜜蜂在螫完人后就会死掉，它们非常乐意为保护家园献身。但我可不乐意做出同样的牺牲。

))) 示警叫声和话语系统

尽管示警讯号可以是戛然而止的叫声，一纵即逝的视觉讯号，或者短暂释

放的化学气味，但其中仍然蕴藏着大量的信息。我们已经看到，语义信息标注出了掠食者，并给出了情境信息。消息可以包括多层面的意义，而信息组合的方式让我们窥见了句法。这些信息还含有语言学家有时候所说的计算效率，也就是最为简洁、最有效率的表达方式。作为话语系统的一部分，这些信息受到自然选择的直接影响：必须接收到信息并采取相应行动，失败的动物就会落入掠食者的口中，变成美餐。

我的想法是，话语系统作为提示潜在危险的工具，其发展受到了自然选择的大力推动。想想看，你是一只身处开阔地的土拨鼠，远离洞穴的庇护和保卫，你抬起头，看到巨大的掠食者正在接近。在土拨鼠看来，土狼肯定就跟霸王龙一样庞大，一样具有压迫性。这绝对会引发土拨鼠心灵深处的恐慌，尤其是在土狼还没有注意到它的时候，最简单的事情莫过于跑回安全的洞穴，待在里面不出来。但成年土拨鼠不会这么做。我坚信它们会发出示警叫声，以警告领地内的家人和邻居。这种行为非常冒险，因为叫声会让自己成为靶子。但通常会有很多土拨鼠加入大叫的队伍，等到土狼距离过近时才会停止叫喊，逃进洞穴。

在以上设定之下，自然选择就是这样影响话语系统的：首先，自然选择让土拨鼠具有良好的远距视觉，以看到接近的危险。其次，进化塑造了土拨鼠的话语系统，手段就是让土拨鼠具有发达的肺部构造，能够发出响亮的叫声，足以传到一英里之外的地方。再次，土拨鼠的大脑中储存着在其指令范围内可能会发出的叫声，还有决定将哪些信息编入叫声的能力（记住，并不只是会编入掠食者的种类，颜色、接近速度之类的描述符也全都涵盖在内）。最后，其他土拨鼠一听到叫声就会进行解码，并决定哪种躲避行为能够逃过被捕食的命运。强大的选择压力造就了令人惊叹的结果，就是将最重要的信息压缩进一连串的简短叫声中，这俨然是一个洗练而有力的计算效率实例。

Chapter 5

HOW DO ANIMALS TALK

哪里有好吃的？

几年前，因为需要在一场有关生物和啮齿类动物的会议上发表演讲，我去了摩洛哥。会议结束后，我的摩洛哥房东邀请我和妻子去他父母家里共进晚餐。

他们的房子洋溢着传统的摩洛哥风情，宽敞的起居室和饭厅连在一起，四周是美丽的花砖墙。饭厅里贴墙摆放着单扶手沙发，没有餐桌，一张大大的矮桌放在墙角的沙发旁，另一边摆着舒适的椅子。我们受邀坐下，并有人送上了加薄荷叶的摩洛哥甜茶。我们随意地聊着天，不断有亲友到来，直到房间里坐满了人。

房东的妈妈带着朴素的头巾，是个和蔼可亲、脸上挂着微笑的女士，她已经花了一整天时间来为客人准备美食。空中洋溢着美妙的食物气味，每种气味都有其独特之处，每种气味都让你联想到令人垂涎的美味。我们围坐在桌子边，一道道菜端了上来。桌子中间是一个大大的浅碗，里面装满了蒸粗麦粉。我的房东解释说，摩洛哥的待客之道讲究所有的来客都应该有丰沛的食物，不管是朋友还是陌生人，装着蒸粗麦粉的大碗永远都不会空。如果蒸粗麦粉不够，每个人只需要少吃一点，就能保证大家都有足够的食物。后来我们了解到，这种慷慨和分享精神遍及整个国家。

我们开始吃饭。第一道菜是沙拉，每个人都用右手手指抓起了一点蒸粗麦粉。接下来，其他的碗开始在大家手中依次传递。其中一道菜是由鸡肉、腌制柠檬和橄榄做成的炖菜。另一道菜是用小羊肉和蔬菜做主材，再浇上调味汁。虽然食物好吃得让你停不了嘴，但没有人吃得很快，原因大概是每个人都在参与谈话。有几个人好像同时在进行两三个讨论，对象分别是他们左边、右边和桌子对面的人。还有些人只跟坐在自己旁边的人说话。谁都可以任意参与谈话，笑声掺杂着打趣的话，不时在房间里响起。

最后算起来，晚饭在九点钟开始，整整持续了三个多小时。每个人都赞赏了食物，每个人都慷慨地向当天的大厨——房东的妈妈——奉上溢美之词。她羞涩地微笑着，频频点头，显然是在为大家都如此尽兴而感到开心。我房东的父母不会说英语或法语，只会阿拉伯语，但他们努力传达了这样的意思：欢迎我们来到他们家，我们的到来让他们感到非常愉快。其余的人大多会说法语、一点点英语，当然了，还有阿拉伯语，我们的谈话理所当然地变成了几种语言的大杂烩。大部分时间，我和妻子都能明白这些人想要表达的大概意思。尽管并不理解这些人所使用的词语，但我们往往能够从面部表情和手势中捕捉到谈话的要点。晚餐变成了主流的社交活动，这让我和妻子印象颇深。大家聚在一起分享丰盛的食物，并通过互相提供食物，谈论所分享的食物来巩固社会关系。

语言是如何跟人类的美食体验紧紧纠缠在一起的？在创作这本书的过程中，我对这个问题感触颇深，我们在摩洛哥的晚餐就是一个再合适不过的例子：语言被用来给不同的食物贴上标签。在用餐过程中，我们快速地学会了一大堆和摩洛哥菜相关的新词汇：炖菜、蒸粗麦粉、摩洛哥风味汤（混有各种香辛料）、腌制柠檬。我还记得一个极其热情的交流分享过程：我的妻子是位很棒的厨师，女主人也是位很棒的厨师。当时，有道炖菜中使用了一种格外鲜嫩多汁的蔬菜，妻子很想知道这种蔬菜叫什么名字。答案是阿拉伯语，很快就被翻译成了法语，但不幸的是，房间里没人知道这种蔬菜的英语名字。于是他们细致地描述了蔬菜的样子，还向妻子保证，说这种蔬菜十分普通。回到美国后，妻子从超市购买了多种根茎类蔬菜来做实验，经过烹调和品尝之后，答案出来了。这种蔬菜她以前从来没使用过，但早就在菜品中多次出现过：芜青！

但语言的作用并不仅仅是用于交流食物的基本信息，就算有客人在用餐过程中恭维了大厨并索要食谱。其实，我们所进行的交流远比配料表更复杂。

我们再来仔细看看那次晚饭。当然了，通过最初的邀请，语言是把那些人聚在一起参加宴会的媒介。然而，餐桌上使用了三种语言，只有几位客人能够理解这三种语言，那结论就很明显了，并不是口头语言让那个晚上如此成功。相反，真正重要的是人们所使用的其他交流方式：微笑，大笑，间或用双手比划手势，改变声音的高低和节奏，谈话时向对方靠拢并用心聆听，分开时的温暖拥抱——比起实际说出的词语，这些交流的方式要更能传达和巩固社会关系。

从这个立场看来，益处显而易见。共享一顿美食不仅仅是轻松谈话的理想机会，也是和我们所关注的人进行情感和思想交流的纽带。通过同桌共餐与谈话，语言和食物紧密合作，建立并加强了人际关系。

旅行归来后，我们举行了好几次晚宴，邀请的都是本地的朋友。在宴会中，我们畅谈旅行和各种经历，并为大家制作了在摩洛哥品尝过的美食。我们晚宴聚会的规模比在房东父母家所参加过的要小多了，所以噪声等级也低了很多，但我们看到了很多跟之前相同的元素：大笑，微笑，改变声音的高低，伸出手去碰触邻座的人——这些都是我们在摩洛哥朋友身上看到的交流方式。

这种精妙的活动持续了千百年时间，历久不衰，那么，其他物种是不是在这一点上跟我们拥有共同之处呢？

毕竟，说到获取食物方面，我们通常并不觉得自己跟拥有"尖牙利爪"的动物有什么共同之处。没错，我们食用肉类、谷物和蔬菜，但我们的食物来源地是遥远的地方，外面包裹着塑料袋，而不是皮毛和羽毛。我们不用去比本地超市更远的地方搜寻食物，假如有某种鱼类或家禽缺货，还有不计其数的其他选项来帮我们渡过难关。除了寿司、沙拉和生食运动，我们更倾向于加热和烹调食物，反正有厨房用具、食谱，甚至是电视烹调节目这些坚强后盾。在很大程度上，我们认为自己的饮食体验已经远远脱离了其他动物的状态。

不过，站在交流的立场，事实会远远超出我们的想象，我们也许跟某些物种拥有更多的共同之处。我们知道，即使是在富裕国家，人们没有适当的营养依然会饿死。动物也是如此，没有适当的食物，动物会在较短的时间内饿死。在野生环境中，食物并不是现成的，也不容易得到。对许多物种来说，寻找食物是它们的主要工作。食物是一种宝贵的资源，当个体动物发现食物时，它就会面临这样一个选择：它可以告诉其他动物这里有现成的食物，也可以自己吃掉，让同类自谋生路，并且很有可能饿死。很多独居动物，比如说熊和美洲狮，就会做出第二种选择。

但群居动物会做出不同的选择。很多物种会无私地跟群体中的其他成员分享食物，而不是为了美食明争暗斗，为了一点点碎屑咆哮厮打，又或者将猎物隐藏起来以防小偷。不仅如此，它们还经常分享食物的位置、数量和质量信息。

它们为什么会这么做？达尔文的适者生存理论不是决定了每个独立个体都是自私的吗？假使最终结果意味着你的食物份额会变少，交流食物信息又有什么好处呢？好吧，有几个原因能说明交流食物信息或许是一件好事。

》）这次你买单，下次由我来

如果食物供给不可预知、难以定位又数量匮乏，那又该怎么办？作为群体的一员，个体动物分享它所找到的食物，并期望其他个体也会分享它们以后找到的食物，这是由上述自然条件所决定的。想象一下，今天我偶然发现了食物，并和你分享，我就可以心存期待，到了明天，你变成了找到食物的那个人，你就会回报我的帮助，跟我分享你的食物。我通过告诉你食物位置的方式来进行分享，这就是互利主义的概念。

举个例子吧，吸血蝙蝠（圆头叶蝠）也是群居动物，一般群体中大约有十五到二十只蝙蝠，绝大多数成员平时都互不相干。为了生存，它们每天都需要吸血。但要从大型脊椎动物（马、骡子，偶尔还有人）的身上吸到血并不是

一件容易的事情，正常状态下，一只蝙蝠每隔两三天才能吸到鲜血。所以吸到血的蝙蝠就会反刍一些鲜血，喂给群体中因为找不到食物而正在挨饿的成员。这样一来，全体蝙蝠都不会饿死。

我在肯尼亚进行野外工作期间，有个名叫杰克逊的人为我做助手——收拾露营装备、做饭、打扫，并帮助我组装部分实验装置。有一天，他的一个表亲突然间出现，还留下来跟他同住。这个表亲没有工作。我知道这会让杰克逊面临着经济压力：现在不是一张嘴要吃饭了，而是两张。虽然我提供了很多食物，但杰克逊的表亲喜欢喝强嘎（changaa），这是一种烈性酒，酒劲跟骡子一样冲，第二天早上，你会感到头疼欲裂，就像有只大象通宵达旦地坐在你脑袋上没挪窝儿（"changaa"这个词的意思就是"快点儿杀了我"，非常生动地描述了人们喝了这种酒的后果）。这种酒很昂贵，杰克逊很明智，没有向我借钱来买酒。后来，我忍不住问杰克逊为什么要一直为表亲提供食物和强嘎酒。他回答说，他的表亲现在没有工作，而他有工作；但等我离开后，他就失业了，而表亲也许会找到工作。到了那时，情况就会反转，变成由表亲养活杰克逊。二者互利主义的原则跟吸血蝙蝠一模一样：喂养那些饿肚子的成员，到了明天，他们很有可能会反过来喂养你。

))) 乌鸦和渡鸦的语言

我的叔叔是一位数学语言家，在莫斯科国立大学任教。我只见过他一次，就是他来美国访问的时候，我还通过电话跟他谈过两次话。我上次跟他谈话时，他马上以"你一定要研究渡鸦的语言"这句话为引子，开始了我们之间的畅谈。

他知道我正在研究动物语言的问题，并很兴奋地分享了他刚刚从渡鸦语言研究中得到的收获。我问叔叔为什么要说先前的那句话，他则给我讲述了如下的故事。

有一天，他正在莫斯科的街道上散步，忽然看到一个男人抬起头望着路灯杆，并发出奇怪的声音。他停下脚步倾听男人的叫声，想看看发生了什么事。他立刻注意到路灯杆顶上有只渡鸦，正用同样的叫声回应着那个男人。叔叔的兴趣被撩拨起来了，在旁观了那个场面五分钟左右之后，他再也按捺不住好奇心了，走到男人身边，问对方在干什么。男人回答说，他在跟乌鸦聊天。叔叔请他详细解释一下如何跟鸟儿谈话，男人说其实很简单，他懂得乌鸦的语言。

随即男人开始解释他是怎样学会这门语言的。在第二次世界大战期间，他参加了游击队，抗击德国人。当时是冬天，对人类和鸟儿来说，食物都非常短缺。渡鸦很快就明白了一个道理：只要跟着人，总是会有些残渣碎屑可以果腹。那个男人说，当渡鸦飞来觅食时，它们会发出叫声，通知本地区的其他渡鸦，于是所有的渡鸦都会徘徊不去，等着享用更多的食物。德国人观测到这种现象，开始特意去寻找聚集成群的渡鸦，因为他们知道那附近肯定会有游击队员。接着他们就会发动攻击，驱逐游击队。

那个男人说，他用心听过渡鸦的叫声后，意识到某些叫声是特别为食物而发出的；另外一些叫声则特别是为危险而发出的。他花了好几个星期的时间，试图去模仿

那些不同种类的叫声，终于，他有了发现：发出食物叫声，渡鸦就会飞到他的营地来；而发出危险叫声，就能让渡鸦散开。在此之后，当游击队逗留在德军营地周围时，他就会不断发出危险讯号，让渡鸦不敢靠近，这样德军就觉察不到游击队的存在。然而，当德国人不在邻近地区时，他就会发出渡鸦的食物讯号，每个游击队员都会兴高采烈地给赶来的鸟儿喂食。

战争结束后，男人说他用了几年时间研究渡鸦的其他叫声，最后发现他能够跟渡鸦进行相当全面的交流。不幸的是，叔叔要去参加一个会议，他没时间去了解"全面"到底是什么意思；他也没能得到那个男人的名字，那个男人消失了，叔叔再也没见过他。

我听从了叔叔的建议，通过浏览资料，去了解这些聪明的鸟儿如何进行交流。渡鸦和乌鸦（短嘴鸦）都能发出很多叫声，至少包括一种食物叫声和几种示警叫声。渡鸦靠吃尸体为生，这些东西并不是经常能够找到。也正是这个原因，某些渡鸦养成了跟着狼群的习惯，等狼群杀死猎物后，它们就会趁着群狼进食的机会，设法挤进去攫取几块肉。年轻的渡鸦偶尔会调皮地啄一啄狼的后腿，这种行为很危险，因为狼会猛地转过头来，抓住粗心的渡鸦。一旦把肉弄到手，渡鸦就会飞到别处，把肉藏在泥土里，用树枝或者树叶盖上，这样它们就能再回来品尝这顿美餐。在藏匿食物的时候，渡鸦会想办法确认没有别的渡鸦在进行监视。而与此同时，没有得到食物的渡鸦也会暗中窥探，看看那些觅食成功的同伴把口粮藏在什么地方。

就像鸦科家族的其他成员——如蓝头鸦、星鸦——渡鸦和乌鸦具有惊人的记忆力，能够记住它们隐藏食物的地点。这种优秀的记忆力不仅适用于猎取食物，还能够记住可能出现的威胁。有人对华盛顿州的美国乌鸦进行了研究，实验员在诱捕乌鸦时戴上了特制的面具。诱捕实验过去了两年半以上的时间后，乌鸦还是会对带着这种面具的人发出表示谴责的愤怒叫声，而对于不戴面具，甚至是带着不同面具的人，则没有此类反应。

找到尸体的渡鸦往往会发出"呱呱"的叫声，这种叫声能够吸引到很远地方的大量渡鸦。一项实验研究表明,渡鸦是否具有不同的食物叫声,取决于食物的数量和质量。实验员向奥地利的野生渡鸦展示了三种食物:肉,厨房里的残羹剩饭,以及野猪的食物。这些食物在不同的时间被放置出去,分量是一桶或者三桶。在允许进食之前,渡鸦只有十分钟的时间来观察。在此期间,看到食物的渡鸦发出了一连串的"呱呱"叫声,吸引来了附近地区的其他渡鸦。相比野猪的食物,渡鸦对肉和残羹剩菜给出了更多的"呱呱"叫声,因为前者看起来不像是很棒的食物资源。"呱呱"叫声的数量和食物的数量并没有什么联系。不过,万一有大量的渡鸦到达食物来源地,它们就会发出其他叫声,实验员把其定义为安抚和威胁叫声,具体性质取决于鸟儿的行为,但跟食物的数量和质量有关。

研究乌鸦和渡鸦的叫声会遇见很多问题,其中之一就是这些鸟儿的叫声种类过多,有时会很难推断出确切的环境。很长时间以来,人们都在研究乌鸦的叫声,有几位作家还发表了文章,将这些叫声称为它们的语言。美国乌鸦至少被认定有23种不同的叫声,渡鸦则被认定至少有12种不同的叫声。有大约80%的叫声在全部渡鸦个体身上都能找到,而其他叫声显然是伴侣或群体成员之间学习和传播,就像是我们学习母语词汇那样。但为特定环境而发出的特定叫声就很难捉摸了。有项研究分析了美国乌鸦的8种不同叫声,这些叫声也叫作集结叫声,都能召唤乌鸦聚集在一起。研究得出的结论是,并不仅仅是叫声的类型引发了集结反应,叫声按照一定的速率和顺序进行了组合,其模式也发挥了作用。换句话说,就是叫声具有句法。没有罗塞达石,句法很难被破解。

从社会层面来讲,乌鸦和渡鸦都能从周围的渡鸦身上获得好处。到了夜间,很多乌鸦和渡鸦都会挤在公共栖息地休息和睡觉。这些公共栖息地上空会响起很多叫声,我们也不明白这些叫声是深具含义,还是无所事事的闲谈。但是我们知道,到了第二天早上,尚未找到食物的乌鸦和渡鸦会跟着那些知道食物来源的同类。这样的栖息地被称为信息中心,因为表面上看来,鸟儿从那些

觅食经验丰富或知道食物位置的个体身上获得了信息。

有趣的是，渡鸦会故意进行信息交流，举个例子，找到食物的渡鸦会提醒其他同类到来源地去。这种行为就是所谓的主动信息交流。饥肠辘辘的渡鸦跟着觅食成功的强盗去食物所在地，就完全没有主动成分可言了。那这种行为就叫作被动信息交流。渡鸦跟着狼群就是被动信息交流的另一个例证。

在人类世界中，被动信息交流一直在发生。例如，每当我去新的地方旅行时，总会想吃东西，我常常会在好几个餐厅旁边梭巡，查看停车场有多少汽车。我很清楚，倘若停车场很拥挤，那里的食物可能非常棒。等我被带到餐桌后，我又会偷瞄其他食客的盘子，看看什么东西最让人垂涎。

而我拿出手机，打开应用软件，查看对附近几家餐厅的评论，并根据最有利的评论做出去哪里的决定，就是主动信息交流在发挥作用。人们时常发表评论，以此作为指导他人的方式。当然了，以上两种办法都不一定能保证我吃到美食。停车场是空的，也许是由于时段问题，并不是食物难吃。发表评论的人也许跟我口味不同。但是，在我对美食获取途径一无所知的前提下，依靠其他社会成员也不失为一种解决办法。

渡鸦碰到了临时过量的食物会如何处理？跟着狼、灰熊和土狼之类的大型食肉动物，它们常常会碰到巨大的猎物，食物多到任何一只渡鸦都不可能一口气吃完。假设它们只是自己吃饱，等到别的食腐动物挨个赶来分一杯羹，那猎物会很快消失。通知其他渡鸦有食物可吃，是分享收获的一种方式，反正也没有哪只渡鸦能够统统吃光；同时，这也是找到食物的鸟儿提高社会地位的一种手段，就跟我们请朋友吃晚饭没什么区别。

我们能从中看出人类和它们的相似状态。我们请人去自己家里吃晚餐，可以巩固我们的社会纽带。如果我们消息发布得当，再加上数之不尽的美食，这顿晚餐就会给其他人留下深刻的印象，我们的社会地位也随之得到提升。反过来，如果我们请人吃晚餐，却只提供花生酱、三明治，我们的社会地位就会受到影响，估计再也不会有人想来吃晚餐了。在当今的发达国家，我们能在冰箱和冷藏柜里储存食物,所以食物不会立刻腐坏。以前人们没有这样的技术,食物的保鲜期很短。杀死了猎物或野牛的猎人也会碰到食物临时过量的问题,食物会远远超过他们的食量,直到变质也吃不完。因此,他们就面临如下的选择:要么只喂饱自己的直系亲属,扔掉剩余的食物;要么就广邀亲朋好友,召开一场盛宴,并在此过程中提高个人的社会地位,成为大家眼中的强悍猎人。而且别人会记下他们的功劳,在日后进行回报,以帮助他们度过食物匮乏时期,就像吸血蝙蝠那样。

》我知道的,你不知道

互利主义并不是动物愿意分享食物信息的唯一原因,还有一个更为微妙的原因,就是必须要跟信息本身的价值挂上钩。大众化的想法是这样的:一旦掌握更有价值的信息,能比其他人获得更多关注;假使信息真的价值不菲,信息掌握者在他人眼中的地位就会发生实质性飞跃。我们用家鸡的食物叫声来举例说明。

去高档餐厅吃饭时,附近餐桌上男性的浮夸行为总是让我忍俊不禁,他们会想方设法地去打动异性,手段无非是炫耀自己对不同的葡萄酒有多么了解,并以能够念出菜单上的外国菜名为荣。这样的场景让我想起了家鸡,不过可不是菜单上的家鸡。雄性家鸡会根据雌性是否在倾听来改变交流食物信息的方式。

在上海居住期间,我还是个小孩子,当时我的父母有个后院,里面养满了家鸡。家鸡提供了稳定的鸡蛋供应,偶尔还会有一只鸡出现在锅里。我能记得的家鸡的事情并不是很多,但有一件事至今想起来还是记忆犹新。

上海有很多蜈蚣,那是一种约有一英尺长的虫子,当它们跑进屋子并快速移动时,总是会引起大规模的恐慌和混乱。蜈蚣很喜欢爬进浴巾里,显然是毛巾里的水分对它们很有吸引力,而且毛巾本身就是很好的藏身之地,但这对人类来说是极为不快的体验。家鸡的功能之一就是阻止蜈蚣溜进屋子。

有一次，我跟祖父一起坐在门廊的台阶上，看着家鸡在泥土里乱刨，想找到种子残渣。忽然间，一只家鸡发出了响亮的咯咯声，其他家鸡都停止了进食动作，开始东张西望。发出叫声的家鸡变换了叫声，往院子边缘跑去。其他家鸡紧随其后。鸡群变得嘈杂不安。在一旁观看的我被深深吸引住了。就在那时，我看到一只家鸡耀武扬威地昂起了头，嘴巴上叼着一条巨大的蜈蚣。其他家鸡企图争抢美食，在几只家鸡中间发生了一场小小的拔河比赛，直到有只家鸡抢到了蜈蚣，飞快地把它吞进了肚子。

那时我还年幼，除了觉得自己目睹的事情很酷，就再也没有其他想法了。这件事过去很久之后，我对蜈蚣有了一点儿了解，我不由惊讶于家鸡能够吃掉整条蜈蚣，因为蜈蚣有着锋利的爪子和有毒的双颚。又过了些时候，我开始对自己所听到的家鸡叫声感到好奇：这些食物叫声是为了让其他家鸡知道蜈蚣的存在？或者是家鸡在看到即将到手的美食之后，想表达一下激动之情？又或者以上两种原因都有？

当雄性家鸡，也就是公鸡，发现食物之后，倘若没有雌性在场，它们就不会浪费体力发出叫声。但要是有雌性在场，那版本可就大不一样了。雄性会发出较为频密的叫声，两下叫声之间的间隔较短，就表明是花生之类的较高质量食物；稀疏的叫声就表明是较低质量的食物，如坚果壳。母鸡也会发出叫声。在回放实验当中，实验员播放了食物叫声，母鸡听到叫声后会四处张望寻找食物。然而，如果它们已经吃饱了，或者正在食用可口的食物，就会自动忽略叫声。

我们都知道雌性白尾雷鸟会将食物的种类和质量通知给幼鸟。雷鸟跟松鸡长得很像，靠食用山区的多种植物为生，美国的落基山脉和内华达山脉都是它们的活动地区。刚刚孵化出的幼鸟是早熟性的，就是说它们很小就能到处乱跑。雌性雷鸟在找到高蛋白质植物后会发出叫声，然后它们会丢下一小块的食物，上下摆动脑袋，在这个名为"重复宣告"的行为过程中，它们又会发出好几种不同的叫声。幼鸟闻声赶到后，会食用妈妈指给它们的食物。富含营养的高蛋白植物在周围的环境中并不是最为常见的，以这种方式，幼鸟就能学会食用这些植物。雌鸟发出的叫声中存在多种变化，它们完全可以用叫声中的细微变化来标识不同种类的食物。

))) 贪得无厌

进行食物信息交流还有一个自私的原因，就是有的动物乞求别的动物施舍食物。这种事情并不陌生，我们每个春天都能看到刚长齐羽毛的小鸟围着父母讨要施舍，甚至是用我们的耳朵来听，那些乞食的叫声都很与众不同。

在我十几岁的时候，我在屋檐下捡到一只掉落的小麻雀。英国麻雀很喜欢在屋檐下筑巢，间或会有幼鸟被挤到巢外，掉落在地上。通常情况下，这对幼鸟来说是致命的，因为屋檐离下面的水泥车道很远，最典型的事件莫过于，我在清晨上学的时候发现一具还没长羽毛的、被压扁的尸体。

这次却不一样。我捡到的幼鸟长出了几根羽毛，它肯定是靠着这点儿羽毛减缓了下落的冲击力，以免身体重重地撞击到水泥地面。我捡到它的时候，它还十分活跃。于是我把它带回家，放进了铺着碎棉布的鞋盒里，希望它能活下去。我对小麻雀的食物一无所知，也没看到过麻雀给幼鸟喂食，所以我不知道该如何去喂养它。

我的妈妈想到个办法。她建议说，我们可以在眼药水瓶子里装上牛奶，用来喂小麻雀。但这个办法很快就遇到了问题。小麻雀不肯张开嘴喝牛奶。我们试过在它的喙上滴牛奶，试过用眼药水瓶子戳它的喙，试过上下移动眼药水瓶子，假装那是鸟妈妈的喙，但都没有用。小麻雀一直紧紧地闭着嘴巴。几个小时过去了，小麻雀越来越衰弱，我们想让它活着，就不得不采取措施。

终于，我灵机一动：模仿鸟叫声会怎么样？我学着英国麻雀平时的叫声，试探性地发出了几下沙哑的叽喳声。没什么效果。我又试探性地发出了几下较为悦耳的叫声。还是没效果。接着，我有节奏地发出了几下尖锐的叽喳声，每两下叫声间隔一秒钟。奇迹般地，小麻雀大大地张开了嘴巴。妈妈马上把眼药水瓶子塞进小麻雀的嘴巴里，挤进去了几滴牛奶。小麻雀大口大口地喝起了牛奶。只要我保持这种有节奏的叫声，小麻雀就会张开嘴巴，毫无保留地接受食物。几天之后，我们将牛奶改为泡软的面包，用手指把食物塞进小麻雀的嘴里。小麻雀越长越大，最后长成了一只雌性英国麻雀，并和我们一起生活了四年。要不是我突然来了灵感，发出有节奏的尖叫声，我想它早就饿死了。这有点儿像是锁和钥匙的原理。尖叫声是打开它的嘴巴的钥匙，否则，即使它饿着肚子，也不会张开嘴巴。

我们听到的是沙哑的叽喳声，实际却内有乾坤。苍眉蝗莺（灰拱翅莺）幼鸟的乞食叫声声学机构非常复杂，能表达不同的饥饿等级。虽然我们认为，未离巢的幼鸟肚子越饿，叫声就会越响亮，但苍眉蝗莺不会这么做。它们肚子越饿，乞食叫声反而会越轻柔。伴随着幼鸟的成长，叫声的声学结构也会发生变化，叫声的频率会更高，而间隔也更长。一旦掠食者出现，幼鸟的父母就会发出禁止叫声，命令幼鸟保持安静；待掠食者离开后，它们又会发出许可叫声，告知幼鸟现在安全了，可以继续发出乞食叫声。成年白眉丝刺莺在靠近巢穴时会发出好几种食物关联叫声，要么是简短而尖利的"唧唧"声，要么是短促的"嗡嗡"声。但在进入巢穴后，它们会发出结构多变的食物叫声。而幼鸟至少有三种不同的叫声：短而尖锐的"叽叽"声；响亮的"嘎嘎"声持续时间较长，音质也更为粗哑；还有柔和版的"嘎嘎"声，就跟响亮的"嘎嘎"声一样长，但没那么刺耳。成年白眉丝刺莺跟苍眉蝗莺一样，也有禁止叫声，用来在发现掠食者时命令幼鸟住嘴。除了广义的"我要吃东西"这个内容，我们并不知道幼鸟为什么要发出各种不同的叫声。

我很喜欢去餐厅吃饭，但坦白说，如果我走进餐厅，看到有很多小孩子坐在专用高脚凳上，我有时就会离开，改去别的地方。我并不讨厌孩子，但我讨厌在吃饭的时候听到噪声。我只能想象，鸟爸爸和鸟妈妈整天都忙忙碌碌的，除了捉虫，还要对付永不满足、只会发出尖叫的孩子，在它们尝试着挤出一点点时间来休息时，内心该有多么无奈和恼火。

))) 晚餐吃什么？

是否存在跟我们人类一样使用食物、饮食和交流的物种呢？你也许不会吃惊，人类的灵长类亲戚跟我们一样拥有巨大的社会圈子，用来交流食物信息。

几年前，我参加了一场在法国举行的动物行为会议。大概是我懂得一点点法语，并在这门语言上下了点功夫的缘故，会议组织者邀请我去参加他为朋友们举行的小型餐会。餐会在一座古老的别墅内举行，具体地点是别墅内的餐厅。我稍微提前了一点儿到，走进餐厅后，我看到大约有三十个人围坐在长而窄的桌子四周。客人们陆续到达，其中不乏知名的动物行为学家。在互相做了自我介绍后，我们都围着桌子坐下，等着食物送上来。但等了又等，仍然没有食物。短期之内，气氛还算不错，我们可以跟紧贴在身边的人进行有趣的谈话。但渐渐地，饥饿的魔力占了上风，谈话变得简短，每个人都急不可耐地望向了自认为食物会出现的方向。

最终，房间陷入了彻底的沉默。在桌子的一端，坐着一位研究黑猩猩的灵长动物学家，他响亮地叫了几声，那是黑猩猩在看到食物时发出的叫声。大家被他给吓了一跳。那位动物学家不断地发出叫声，而且声音越来越大。不知道怎么回事，叫声似乎产生了预期效果，侍者带着小分量的食物出现了。当食物放在我们面前时，围桌而坐的其他人领略到了个中真谛，也开始大叫"呼呼—嚯（panthoots）"，这是黑猩猩在兴奋时发出的叫声。没多大会儿，桌子边的绝大多数人都开始大喊大叫，就算是他们较为拘谨，也会低吼大猩猩的"呼呼—嚯"。更多的侍者冲进来，奉上了食物和美酒，很快，每个人都陷入了满足和微醺的状态。黑猩猩的食物叫声一响，食物就恰好出现了，这很可能是种巧合，但表面上看来，这是跨物种交流的优秀典范。

黑猩猩拥有好几种和食物相关的叫声。"呼呼"声是相对低频的声音，会在柔和与非常吵闹之间变化；低沉的"呼呼"声，范围是低频到较高频次；而"啊—呼呼"声的频次较高；还有一种"嚯"声，较为柔和，并带有大量泛音。黑猩猩偶尔也会发出"嚯—呼"的声音，它们在进食时才会发出这种混合了"嚯嚯"和"呼呼"的声音。在鉴别这些声音的确切情景时会出现问题，就是一种声音会跟其他声音相融合，所以没有哪种声音跟特定种类的食物存在联系。对我们而言，这没什么好感到意外的。我们很少会看着美味的意大利面，并在每次看到它的时候只重复使用"意大利面"这个词语。通常我们会在话语中加入其他的元素，比如说，"这是一盘香喷喷、热腾腾的意大利面"。说不定黑猩猩也是这么做的。

就像我们一样，黑猩猩会在社交场合发出食物叫声。当附近有重要的社会伙伴时，雄性黑猩猩会发出食物叫声。几乎没有雄性黑猩猩会在单独进食时发出食物叫声。相反，当食物靠近它们的梳毛伙伴时，它们就会发出食物叫声，因为它们跟这些同类之间存在着长期的社会关系。奇怪的是，当天早些时候为它们梳理过毛发的同伴出现在附近时，雄性黑猩猩并不一定发出食物叫声；或者是处于发情期、能提供交配机会的雌猩猩出现在附近时，它们也不一定会发出食物叫声。看来，分享食物的价值是建立在缔结和维护长期社会关系的基础上。这跟我们的做法简直如出一辙，我们也只会跟朋友分享最喜爱的食物配方。

其他很多灵长类动物也拥有食物叫声，包括棉头绢毛猴（绒顶桎柳猴）、绒猴、红腹绢毛猴（白唇桎柳猴）和猕猴（恒河猴）。生活在波多黎各卡约·圣地亚哥岛的猕猴有两种食物供其食用，一种是椰子，另一种是猴饲料。雌性猕猴针对两种食物会发出迥然不同的叫声："吱吱"和"喳喳"代表椰子，"呼呼"和"咕咕"代表猴饲料。那些没有发出叫声的猴子万一被抓到吃独食，就会受到群体内其他成员的攻击，以此来表示惩戒，这再次说明了叫声的社会性质。

大规模群居的动物需要大量的食物。假使食物来源很分散——那就证明有许多食物宝库存在，但地点不可预知——分享食物资源信息就变成了获得食物的有效途径。这个大前提决定了调动大量个体动物走出巢穴，获得食物,也防止了个体动物浪费时间和精力去错误的地方搜寻。这种及时高效获取食物的方式让每个独立的个体都受益无穷。这就是无刺蜂、蚂蚁和蜜蜂的生存状态。

))) 无刺蜂

忙碌的一天过后,我有时会想放松放松,并随手打开电视。马上,广告就开始了,从阿司匹林到左洛复,什么都有。带着对广告业的歉意,我一般会忽略这类节目,在某个人大谈乘着田园游艇度假,或是流线型汽车的全新外观期间,我会选择处理其他事情,或者出会儿神,想想第二天必须继续进行的事情。只有一个例外:要是我饿了,快餐广告就会在我脑海里挥之不去。要是我饿得厉害,区区一个和美食相关的字眼就可以驱使我走到冰箱前面,甚至是坐上汽车,开到能买到食物的地方去。这种反应并不是非得看电视才能引发,只要听觉线索就足够了。

当我在加州大学伯克利分校求学时,我找到了一份暑期工,工作内容是去墨西哥和中美洲研究无刺蜂。我的一位教授很有兴趣了解那些地方到底生活着多少种无刺蜂,所以他出了少量的钱雇用我和另一个研究生去研究蜜蜂。他租用了一辆大学的厢式货车,我们可以使用三个月;又给了我们两个人各三百美元,作为煤气、食物和住宿的费用,然后就送我们上路了。我没有领到薪水,但我觉得这桩交易非常划算,否则我自己是没钱去做这样一次旅行的。两个人,一共六百美元,这就意味着我们必须极度节俭。有很多次,我们都是买上一大串香蕉,早上吃一根,中午吃一根,晚上再吃一根。这不失为减肥的好办法!

我们有两个任务。一是收集无刺蜂标本,范围是从墨西哥中部直到哥斯达黎加南部,以便我们的教授在稍后确定每个地理位置生活着多少种无刺蜂。二是尽量找到无刺蜂的巢穴,并尽可能多地拍摄这些巢穴结构的照片。

我们使用了一个简单的程序来完成第一个任务。我们往喷雾瓶里装满蜂蜜和水的混合物，再找出适合蜜蜂栖息的灌木丛，往灌木的叶子上喷洒蜂蜜水，接着离开几个小时。等到我们回来，经常能看到一大群无刺蜂在绕着沾有蜂蜜水的树叶嗡嗡飞舞，忙着采集蜂蜜。这时，我们就可以捕获小小的蜜蜂样本，并标注上地理位置。

第二个任务就复杂多了。无刺蜂把巢穴建在树洞里，那些地方往往都是植被茂密的丛林，幽暗的光线下，很难看到蜜蜂从巢穴里进进出出。在工蜂采集完我们喷洒的蜂蜜后，我们尝试过跟踪尾随，但结果证明这是不可能完成的任务。绝大部分无刺蜂个头都很小——身长半英寸左右——体表颜色多为黑色、褐色或暗红色，因此，一旦无刺蜂离开树叶，你的目光只能追随它们几秒钟，随即它们就会消失在朦胧的丛林中。我们也取得了一点点成绩，碰巧有个蜂巢靠近我们喷洒蜂蜜的地方，但总起来说，这个过程很令人沮丧。

后来，纯粹出于偶然的机会，我们找到了答案。很多人都会停下来打听我们在干什么，而我会解释说，我们在研究无刺蜂的生态和行为。这个答案似乎能够满足大多数人，他们都会点点头，继续上路，多半会咯咯地笑上几声，来嘲讽美国生物学家有多么愚蠢。

然而，有个人却开始描述无刺蜂巢穴的结构和布局。我问他怎么会知道这些东西。他回答说，小村庄里有很多人会驯养无刺蜂，以获取蜂蜜。村民会选择长三英尺左右，直径大约六英寸的树枝，将其劈成两半，掏空里面的木头，再把两半空心木合在一起，用麻绳绑好，一头掏出小洞，悬吊在附近的树上或屋顶上。无刺蜂会找到这种悬吊的树枝，在里面筑巢。村民们会定期解开固定空心树枝的麻绳，舀出蜂蜜，再把树枝捆好，蜜蜂会修理好它们的巢穴，并生产更多的蜂蜜。无刺蜂酿造的蜜跟正常蜂蜜的味道有点儿像，但没有那么甜。我本来觉得这种蜜很美味，直到有个共事的生物学家告诉我，无刺蜂常常会将动物粪便的碎屑混进蜂蜜中，如猴子粪便。

无刺蜂的踪迹遍布美国热带地区、非洲、亚洲和澳大利亚。无刺蜂跟蜜蜂一样居住在蜂巢里，但它们的巢穴没有蜜蜂巢穴那么精致。无刺蜂的巢穴一般藏在中空的木头或者沟槽里，它们的族群也不像蜜蜂族群那么庞大。有别于其他种类的蜜蜂，雌性无刺蜂缺少螫刺，所以无法靠螫刺来进行自卫。不过，某些种类的无刺蜂口器中长有毒腺，咬上一口，就能给巢穴袭击者带来极大的痛苦。

有种无刺蜂（麦蜂）除了跳舞，还能发出声音。当麦蜂找到食物后，它就会返回巢穴，开始跳一种特定的舞蹈，这种舞蹈由一系列顺时针和逆时针旋转组成。在跳舞的过程中，它还会发出脉冲声波。这些声波负责提供食物的距离信息。短脉冲表示食物距离非常近，较长的脉冲就表示食物相隔很远。跟蜜蜂不同的是，麦蜂还能告知同伴食物的高度。在其他工蜂忙于卸载麦蜂身上的花粉和花蜜时，它还会发出一连串不同的声音来指明高度：短脉冲代表食物位置较高，在森林的树冠层；较长的脉冲则代表食物位置靠近地面。由于麦蜂生活在树木繁多的环境中，提供高度信息就相当重要了，有些林木可以生长得极其高大。

另一种无刺蜂叫作切叶蜂，它们会在回巢的沿途留下气味。在飞行途中，切叶蜂会隔三差五地停下，留下一团团由腹部的腺体分泌出的化学物质。其他切叶蜂离开蜂巢去搜寻食物时，这些化学物质就能起到路标的作用。而且，跟

随着气味痕迹，工蜂能够直接飞进树冠层，或者在森林的地面上找到食物。其他种类的无刺蜂也是如此，发现食物的工蜂除了留下气味，还会亲自带领巢穴里的工蜂去找食物。

化学物质痕迹可以充当语义讯号的角色，因为编码（气味中的复合化学物质）能够告知其他工蜂食物来源的方向。但是，如果昆虫用它们找到的食物气味来指路，那就不能称之为语义讯号，因为这不是讯号的编码。事实上，某些昆虫只使用这种讯号。黄尾大黄蜂（欧洲熊蜂）拥有一种招募系统，取决于外勤蜂带回巢穴的食物的气味。大黄蜂回巢后会四处乱晃，不时和其他工蜂相撞，并频频鼓动翅膀。其他大黄蜂闻到食物的气味后，就会离巢去寻找类似的气味。到目前为止，根据实验显示，大黄蜂无法为巢穴内的工蜂提方向信息。同样，一种名为德国小黄蜂（黄斑胡蜂）的胡蜂也会通过食物的气味来招募新成员。

))) 蚂 蚁

气味是强而有力的食物线索。我喜欢去餐馆吃饭，其中一个原因就是为了体验邻桌飘来的美妙食物香气。形形色色的其他气味会融合成浓郁的香味，让人联想到各种各样的美食，即使只点了菜单上的一样食物（好吧，有时候我会在犹豫不定的时候点两样，把不太喜欢的那样打包带回家），我还是能体验到这场精彩的嗅觉之旅。

这就是被动信息交流。餐馆里没人故意将那些香气吹向我，让我循着气味走进厨房，抓起食物大快朵颐。但有些动物会使用气味进行主动信息交流，让族群内的其他同伴去获取食物。这些动物就是地球上数量最多的动物之一：蚂蚁。

在哥斯达黎加逗留期间，我偶然看到一群切叶蚁在丛林的地面上蜿蜒爬行。我观察了一会儿蚂蚁，看着它们从周围的树木上切下树叶碎屑，往巢穴的方向搬运。到时候，其他工蚁就会在树叶上种植真菌孢子，生长出来的蘑菇就是蚂蚁的主要食物。这种现象就让人们产生了以下概念：蚂蚁是真正的农夫，会种植需要食用的农作物,就像人类农夫种植农作物一样。我沿着蚂蚁的队伍走了一段,看到蚂蚁所搬运的树叶碎屑是它们体积的两到三倍。在某个地方,蚂蚁队伍要爬过一块掉落的树皮。为了看看会发生什么事,我拿起树皮,放到了队伍旁边相隔几英寸的地方。几乎是在同一时间,蚁群发生了大恐慌。在本来放有树皮的地方,正带着树叶碎屑往巢穴进发的蚂蚁开始盲目地乱转。另一头呢,正跟随着队伍往树枝走的蚂蚁仿佛同样迷失了方向,也漫无目的地乱转起来。不超过六英寸的距离,隔开了两群乱糟糟的蚂蚁,两群蚂蚁都找不到它们原有的方位和路线。我的第一反应是,这些蚂蚁也太笨了吧,竟然意识不到它们的路线就在六英寸以外。但往更深处想想,要是有个巨人凭空出现,拿起一英里长的洲际公路,再把这段路放到几英里开往的地方,那又会发生什么事呢?我们会不会像蚂蚁那样到处乱窜,彻底迷失了方向?

当一只工蚁找到食物来源后,它会在通往巢穴的道路上沿途留下小团的气味,形成完整的路线。根据它对食物质量的评估,它还会调整气味团之间的距离。假如食物量大质优,气味团就非常密集;假如食物数量相对稀少,每个气味团就相隔较远。工蚁腹部的腺体能够分泌出好几种化学物质,这些气味团由不同浓度和比例的化学物质组成,能够充当象征性词语,来标识食物的存在和方向。这只工蚁回到巢穴后,其他工蚁只需要循着它留下的气味路线走就行了。而等到这些工蚁找到食物,将食物搬运回巢穴时,它们也会在回巢的路上留下由小团化学物质组成的气味痕迹。带着食物凯旋而归的工蚁激励了剩余的同伴,于是源源不断地有蚂蚁出去寻找食物,有时它们还会在前往食物来源地的路上留下气味痕迹,就跟它们回来时一样。很快,食物和巢穴之间就建起了气味高速公路,蚂蚁可以任意在两地之间穿梭,有的是带着食物归巢,有的则是出发去搬运食物。这些气味团的化学浓度低得惊人。就以某些切叶蚁为例吧,估计一毫克这种物质形成的气味路线足以让它们绕着地球转60圈。

到了最后,所有食物都被搬运一空,新来的蚂蚁找不到食物,只能沿着气味高速公路回巢，两手空空的它们当然不会在归途中留下气味团。气味团中的化学物质挥发得很快；换个说法，当你在手腕上拍了少量香水后，香水的味道就会越来越淡，气味也是以这种方式在空气中消耗。气味分子持续挥发，地面上又没有新的气味团留下，很短时间内，气味痕迹就开始消失。气味浓度变淡，就不会再有蚂蚁对特定的痕迹感兴趣，也不会跟着痕迹进进出出；相反，新的痕迹却具有较高的浓度。

这些气味讯号相当复杂。大量的痕迹和招募讯号表现为好几种化学物质的混合物，精确的混合程度能够充当不同的词语或信息。比如说，非洲蚁会对白蚁发动群体袭击。侦查蚁在发现白蚁群后，会在归巢途中沿路留下气味痕迹，并使用两种化学物质带领由三百到七百只蚂蚁组成的突击队回到白蚁群所在地。其中一种化学物质由毒腺分泌，另一种化学物质则由位于下腹部的臀腺分泌。臀腺分泌物具有强大的招募效果——只要侦查蚁在巢穴里制造这种分泌物，其他蚂蚁就会应招参与突击队。然而，这些分泌物很快就会消失，一旦侦查蚁离开巢穴，分泌物就不复存在，也不能再发挥招募作用。毒腺分泌物在外界环境中存在的时间较长，能够达到29个小时，以帮助突击队找到白蚁群，并在战斗后返回巢穴。

某些蚂蚁具有多模式讯号，这就表示有两种或以上的感官在联合发挥作用，例如气味结合声音或视觉。在美国西南部，生活着两种使用多模式讯号的蚂蚁，它们分别是阿洛比斯盘腹蚁和柯氏盘腹蚁。这两种蚂蚁都是分头搜寻食物，但工蚁在发现过大而无法搬运的物体后，比如说死掉的昆虫，它们就会通过毒腺分泌某种化学物质。这种化学物质的气味会吸引同族群内的其他蚂蚁来到食物所在地，赶来的蚂蚁达到数量后，它们就齐心协力地扛起食物，运回巢穴。除了毒腺分泌物，工蚁还能发出一种叫作"鸣声"的声音。昆虫能够通过摩擦身体上的硬结和锉刀般的隆起物来发声，我们所熟悉的蟋蟀叫就是一个例子：蟋蟀的一边翅膀上长着球形刮板，另外一边翅膀上则长着一排隆起物，它们会用刮板摩擦隆起物来发出有节奏的唧唧声。通过发声，上述两种蚂蚁能够让同伴长时间停留在食物区域内，比单使用气味的时间要长出一倍；同时，发声手段还能加快同伴绕食物爬行和抬起食物的速度。其他蚂蚁会将气味与视觉讯号相结合，索西斯弓背蚁就是这么做的。工蚁找到食物后，会首先在食物周围留下化学痕迹；随后它们会返回巢穴，沿途用小团的排泄物标注出气味路线，而原材料就是经过内脏消化的食物。进入巢穴后，它们还会展示特定的扭摆动作——左右摇摆身体，持续半秒到一秒半钟的时间。同伴们看到这套扭摆动作，就会跟着工蚁去搬运它找到的食物。

))) 蜜 蜂

我的妻子酷爱烹制各种风味的异国美食。有些材料在当地杂货店里是买不到的，所以她会依赖朋友、邻居或互联网提供的信息，去寻找能够买到这些东西的地方。通常情况下，要买到其中几样材料，就需要经过长途跋涉去更加遥远的城市，那些地方有很多卖异国商品的商店。我实在不愿把妻子和一只蜜蜂相提并论，但这恰好就是蜜蜂在觅食时的所作所为。

在参观史密斯学会的昆虫馆时，我被蜂群展览所深深吸引住了。展厅的角落里，隐藏着一个垂直的巨型陈列柜，正面带有玻璃，而蜂群就被安置在内。有几根管道通向外界，蜜蜂可以随心所欲地自由进出，从史密斯学会和华盛顿广场周围的植物上采集花粉与花蜜。我站在陈列柜前，试图用目光追随一只刚刚归巢的蜜蜂。这并没有表面上看起来的那么简单，因为蜂群里有不计其数的蜜蜂，全都在爬来爬去，让这个大集体保持着一种恒定的移动状态。终于，我把注意力转向了正在跳舞的蜜蜂。有几只蜜蜂正在绕着小圆圈飞舞，而蜂群的另外地方，还有蜜蜂正在跳"8"字舞，每场舞蹈都有大量的参与者，将跳舞的蜜蜂簇拥在中间。

这些舞蹈是一种象征性的信息传递方式。蜜蜂用蜂蜡建立起蜂巢，供族群居住，蜂巢内储存着蜂后的卵，也有工蜂在觅食旅行后带回的花粉和花蜜。从食物来源地返回之后，工蜂会在蜂巢上跳舞，向族群内的同伴传达食物来源的距离和方向信息。蜂巢的巢房都是垂直排列的，跟地平线呈一定夹角。由于蜂巢是垂直的，蜜蜂就不能简单地指出食物的方向，而是需要用一系列语义讯号来向蜂巢内的其他蜜蜂传递信息。（蜜蜂有个印度籍亲戚，叫作印度小蜂，这种蜜蜂能够建立起无外壁的水平状蜂巢，它们能够通过舞蹈直接指出食物来源。）

假使食物来源离蜂群很近，在300英尺以内，或者只有一个足球场的长度，归巢的蜜蜂就会跳圆圈舞，就是在舞蹈的过程中只划一个圆圈，有时会改变方向，但总是保持着单圈路线。据我们所知，圆圈舞并不能给出食物来源的距离和方向信息，它只是告诉其他工蜂，蜂巢附近有食物，必须要飞出去，在300英尺的半径范围内搜索。这似乎是个艰巨的任务，但蜜蜂有着敏锐的嗅觉，一旦知道食物就在巢穴附近，它们会轻而易举地侦测到食物来源。

然而，假使食物来源和蜂群的距离远远超过了300英尺，蜜蜂就会跳"8"字舞。显而易见，从圆圈舞到"8"字舞的转变受到基因控制。当食物和蜂巢之间的距离发生变化时，蜜蜂的不同基因片段促成了这种转变。当食物和蜂巢的距离在120英尺范围内时，某些基因片段就会将圆圈舞变成"8"字舞；而在食物距离为300英尺左右时，其他基因片段就会发生作用。不同的交流方式存在着差异，有些人就会将这些差异归纳为基因特征。我们常常会看到，那些绕着花儿飞舞的蜜蜂会从圆圈舞改跳代表着300英尺距离的"8"字舞。

"8"字舞具有丰富的语义成分，能够将食物距离和特定方向传达给蜂巢内的其他蜜蜂。请记住，工蜂不能直接指出食物来源——蜂巢舞台的垂直特性排除了这种可能。工蜂利用重力作为替代品，将水平方向象征性地转变为上下两个方向。在"8"字舞的象征语言中，有一个直线和两个圆形部分，想象一下阿拉伯数字"8"就行了。现在再想象一下用如下方式画个"8"字出来：以"8"字左下角为起点画一条直线，到右上角结束，倾斜穿过"8"，这条对角线就是"8"字舞的直线部分，两个圆圈部分代表了"8"的两个圈。

在"8"字舞当中,直线部分包含了距离和方向信息。想象一下,直线部分笔直往上,指向工蜂正跳舞的蜂巢顶部,描绘出一个倾斜的数字"8"。这就表示食物来源在太阳的方向,位于蜂巢和太阳之间的某个位置。再想象一下直线部分笔直向下,指向蜂巢底部。这就表示食物来源在和太阳相反的方向,用一条直线将太阳、蜂巢和食物来源三个点连接起来,食物就在蜂巢另一边的某个位置。参加这场舞蹈的蜜蜂会使用它们的重力感应器——长在胸部最上方的绒毛,能够监控头部的倾斜度——来判断上下方向。利用重力感应器,工蜂能够轻松地分辨出食物来源和太阳的方向一致还是相反。

倘若食物来源既不是朝着太阳的方向,也不是和太阳的方向相反,而是跟太阳和蜂巢形成了偏左或偏右的夹角,那又该如何呢?碰到这种情形,蜜蜂就会转动直线部分,让其偏移笔直状态,形成一定的角度,与食物来源和之间太阳的角度相同。为了更形象一点,请大家想象地图上的三个点:第一个点是太阳的位置,第二个点是蜂巢的位置,第三个点是食物来源的位置。现在画出两条线,一条连接起太阳和蜂巢,第二条连接起蜂巢和食物来源。这两条线之间的夹角就是"8"字舞直线部分从原本的笔直状态所发生的倾斜角度。在蜂巢内,蜜蜂将太阳、蜂巢和食物位置的水平信息转化成了垂直信息。其他工蜂就能理解其中的语义信息,并利用信息去外面寻找食物来源。

除了方向,跳舞的蜜蜂还能传达食物来源的距离信息。它们会在舞蹈中用极快动作前后摇晃腹部,以完成直线部分。与此同时,它们还会发出一连串尖锐的嗡嗡声。摇晃动作和尖鸣声关系着食物来源和蜂巢之间的距离。需要飞行的距离越长,摇晃动作和尖鸣声就越少;距离越短,摇晃动物和尖鸣声就越多。参与舞蹈的蜜蜂能够通过脚部的震感来感知声音,还能监测到摇晃的次数。

此外,蜜蜂还能通过舞蹈通知同伴,刚刚逗留过的花丛能够采集到多少花蜜。它们会利用舞蹈的速度与时长作为说明蜜源收获的手段。蜜源越丰富,舞蹈时间就越长,"8"字舞中的转圈速度也越快。在舞蹈中途,它们还会将采集到的花蜜样本提供给参与进来的同伴（这个过程叫作交哺）。这样一来，其他工蜂就能获得大量语义信息，不仅是食物的地点、距离和质量，还有包含着食物气味和味道的样本。蜜蜂开始舞蹈后，会逐渐向巢房中间地带移动，以便大批工蜂看到它们的舞姿，并了解到巢穴外的觅食地点在当时的有效性。

很多年来，有些人一直无法相信蜜蜂能够传达食物来源的方向信息。相反，他们觉得"8"字舞的唯一功能就是让其他蜜蜂变得兴奋，并刺激其去巢穴外寻找食物。跳舞的蜜蜂携带着花粉和花蜜，巢穴内的蜜蜂在兴奋状态下会记住这两种气味，再去外界寻找带有相同气味的食物。事实上，在跳舞的工蜂去过的地方，有些工蜂却找到了新的食物来源，但根据这个说法，上述现象只是偶然，反而证实了气味的力量。很多实验力图证明，在"8"字舞中，重要的不是气味，而是信息传递，但蜜蜂语言评论家总能在每个实验中都找到考虑不周之处。

决定性的实验显示，蜜蜂确实传达了食物来源的方向信息，这个实验由电脑控制的蜜蜂模型完成。德国维尔茨堡的几位科学家制造了一具跟实体同等大小的机械蜜蜂模型。这只机械蜜蜂由黄铜制成，体表覆盖着薄薄的蜂蜡。至于翅膀，是用剃须刀片黏贴在小小的转轴上，用细电线连接，这样刀片就能上下振动了。这具模型由电脑控制，并能受控跳出"8"字舞，在直线部分摇晃身体。在完成"8"字舞的直线部分时，机械蜜蜂还能依照指令，一边摇晃身体，一边发出声音。实验员将这只蜜蜂放进一个蜂群，通过电脑遥控蜜蜂跳起了预定的"8"字舞，让直线部分指向特定的方向。随后，他们监测了工蜂的去向。虽然机械蜜蜂的样子不是太逼真，但它传递的信息似乎对蜂群的工蜂很有说服力。参与了舞蹈的工蜂飞向了正确的方向，证实了跳舞的蜜蜂的确将方向信息传递给蜂巢里的其他工蜂。机械蜜蜂的实验还显示出，跳舞的蜜蜂在直线部分摇晃身体并发出声音，同样都传达了距离信息。就像交流的其他多种方式，这两种行为包含了冗余信息，因此，如果其中一种形式的信息——比如说摇晃身体——不能被监测或理解，那另一种形式的信息——比如说声音——就能被用

来判断食物来源的距离。

蜜蜂的象征性舞蹈并不仅仅是圆圈舞和"8"字舞,它们还有另外三种舞蹈:摇晃、抖动和停止舞蹈。外出觅食的蜜蜂带着大量优质花蜜回到蜂群后,找不到其他蜜蜂帮忙卸载战利品时,它们就会跳起摇晃舞蹈。通常情况下,当外出觅食的蜜蜂飞回蜂群后,蜂巢内的其他工蜂就会卸下这只蜜蜂采集的花粉和花蜜,转移进巢房储存,作为蜜蜂幼虫将来的口粮。要是没有工蜂帮忙,归来的蜜蜂就会缓慢地在蜂巢内爬行,前后摇晃身体,并以每秒钟50度左右的角度倾斜旋转。这种舞蹈能够持续半个小时。这种舞蹈旨在说明:有工蜂从丰饶的蜜源归来,但没有同伴帮忙卸载花蜜,所以蜂巢里的其他工蜂应该停下正在进行的工作,尽快完成卸载任务。为解释圆圈舞和"8"字舞的意义,卡尔·冯·弗里斯做了大量的工作,并因为他的成就获得了诺贝尔奖。但奇怪的是,他也无法解开摇晃舞蹈的秘密。他最终的结论是,也许是蜜蜂在外界经历了糟糕的事情,从而患上了某种蜜蜂神经官能症!

其他两种舞蹈跟摇晃舞蹈一样,都具有象征意义。蜜蜂在抖动舞蹈中会摇晃身体,但不会出现摇晃舞蹈中的倾斜旋转。抖动舞蹈发生在清晨——在外出觅食开始之前,还有晚上——外出觅食结束之后。这种舞蹈的意义大概是这

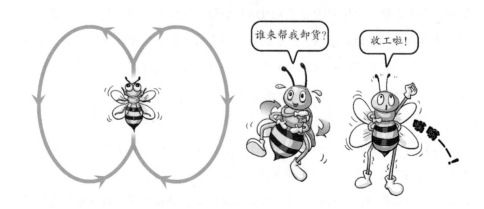

样：重新分配工蜂的活动，停止之前的行为。于是，早上的抖动舞蹈就意味着开始外出觅食；而晚上的就意味着停止觅食，进行其他活动。停止讯号是一下短暂的嗡嗡声，能让蜂巢内的所有工蜂都静止不动。这种声音频率大约是380赫兹（正好在人类的听觉范围内），貌似是为了宣布有其他族群的竞争对手到来了；或者是跳"8"字舞的蜜蜂指出的食物来源地有掠食者，正在跳舞的蜜蜂应该停止舞蹈。

蜜蜂能够使用"8"字舞来交流潜在的筑巢地点，具体方法参照它们交流食物信息的方式。到了春天，蜂群需要通过新的蜂后扩大繁殖。工蜂头部的腺体能够分泌出一种物质，叫作王浆。工蜂会选择一条普通的蜜蜂幼虫，使用王浆喂养30天左右，这条幼虫就会发育成新的蜂后。正常情况下，要造就普通工蜂，幼虫孵化后会被喂养两天的王浆，接下来的28天时间内，就只能吃到花粉和花蜜。这个时期结束后，幼虫就会变成蛹，再过几天，无法产卵的成年工蜂就会破蛹而出。不过，同样的幼虫食用30天王浆，就会发育成蜂后，具有完善的产卵能力和长达五年的寿命，而不是成年工蜂一个月的生命期限。蜂后上颚附近的腺体能够释放出一种化学物质，这种物质被称为信息素，因为它能够影响同物种其他个体的行为，抑制新蜂后的产生。这种化学物质叫作9-ODA，是9-羟基-（E）2—癸烯酸的缩写，还能够抑制工蜂的卵巢发育，让其无法产卵。但到了春天，蜂后显然是改变了9-ODA的分泌，工蜂开始用王浆来喂养几条幼虫，为迎接新的蜂后做准备。到了最后，总会有一只蜂后抢在其他幸运儿前面发育成熟。一旦出现这种现象，工蜂就会杀死其他的新蜂后。想知道原因吗？无论何时，蜂群中只允许存在一只成年蜂后。

新蜂后面世之前，老蜂后就会带着大约半数的工蜂离开蜂巢，作为新的家族去寻找其他适合筑巢的地方。部分工蜂会汇集在一起，环绕在老蜂后周围；其他工蜂会四散开来，检查树洞或别的孔槽，衡量这些地方是否具有好筑巢点的潜力。负责搜寻的工蜂回来后，就会在蜂群上空跳起舞蹈，推荐它们选中的筑巢点。其他工蜂会陆续飞出去进行考察。如果这些工蜂认可了某个筑巢点，就会回去用跳舞表明态度。首先,工蜂会至少推荐12个不同的地点。然而,会有更多的工蜂外出进行复核,假使工蜂认为某个地点太差了,那它们回去后就毫无反应;而认为某个地点棒极了的工蜂就会欢快地跳起"8"字舞,指出该地点的方向和距离。几天之后,被推荐的地点越来越少,终于,只有一个地点能获得舞蹈赞赏,族群内的所有工蜂对这个地点达成了一致。一旦选中地址,整群蜜蜂就会飞到新的家园安顿下来,繁育新的族群。这种决策过程被某些人视为真正的民主,谁都可以提出自己的看法,直到最终达成共识。

根据统计数据,美国的普通高中毕业生认识40 000个单词,大部分时间或每天实际使用到的只有10 000个单词。蜜蜂可比他们强多了。蜜蜂能够指出巢穴周围的任意方向,或360度之内的任意角度;而在距离方面,它们能够指出300英尺到几英里的范围,依照保守估计,我们可以推断出蜜蜂大约拥有100 000个词汇,用来组合描述距离和方向。高中毕业生赢在词汇的多元化,蜜蜂赢在词汇的绝对数量。

))) 食物讯号和远景

动物都需要进食。不吃东西就会挨饿,甚至饿死。独居动物被迫依靠自己寻找食物,将生命托付给运气,相信能在饥饿袭来前找到足够的食物。但群居动物就更具优势。它们可以利用社会群体中其他成员收集到的信息。毫不令人惊奇的是,群居动物开发出了多种与群体成员交流食物信息的方式,就像我们会利用种种手段和亲朋好友交流食物信息。

在本章中,我提及了在摩洛哥房东的父母家里享用的晚餐。这里我再跟大家分享一个摩洛哥的故事。当时我在马拉喀什的市集上漫步。如果你从来没去过那种地方,只需要想象一下一大片挤满了人的空地。东一丛、西一簇的人正在进行光怪陆离的表演。有个人的肩膀上蹲着一只猴子,另一个人正在用几根金属管演奏某种旋律,还有很多人在用各种东西玩杂要。一个男人盘着双腿坐在地上,面前放了个篮子。他拿出一根金属管,开始吹奏音乐,边吹奏边摇晃

着身体。一条眼镜蛇从篮子里冒出来，颈部膨起，跟着男人摇晃的节奏前后晃动。人群如织，川流不息，就像波浪在湖面荡漾，有些人穿着西欧服饰，另外一些人则穿着拂动的阿拉伯长袍。

我在这个带着眼镜蛇的男人面前停下了脚步。科学念头占据了我的脑海，我很想知道他是不是拔掉了眼镜蛇的牙齿，这样眼镜蛇就咬不到他了。我俯下身体，用手抓住相机，以免它借助带子晃荡，打中了眼镜蛇。男人以为我不经过他的允许就想为眼镜蛇拍照，开始对我大喊大叫。我不会说阿拉伯语，所以不明白他的意思。我的摩洛哥房东竭力向男人解释，说我没有恶意，并快速拉着我离开了市集，朝一条狭窄的街道走去。那条街摆满了用筐子装的食物和香料，就像是五彩斑斓的海洋。香料呈现出红、黄、褐三色；食物有各式蔬菜和水果；街道更远处，悬挂着一扇扇肉，从上到下都爬满了苍蝇。我的鼻子嗅到了好多种气味，来自于食物，来自于货摊，来自于街道。

四面八方都是人，大家全都在买食物。在购买的过程中，他们滔滔不绝地讨论着价格、新鲜度和味道。我仔细听着，试图了解他们在说什么，可是我不懂阿拉伯语。我知道的不过几个单词而已：一个词是"苹果"，一个词是"胡椒"。我停在了出售苹果的货摊前面，但无论我怎么努力，听到就只有我会的"苹果"这个字眼。其他的词语彻底把我给弄晕了，就像我在听人说"不拉不拉不拉……苹果……不拉不拉不拉"。然而，我能看到摊主和顾客脸上的表情；他们手臂和身体的动作；他们伸出手去彼此接触的姿势；对于想购买或出售的食物，他们会以怎样的方式去触碰，并不时抚摸。

这种情形就是我在本章中所谈论过的，我们和动物之间有类似的地方。我们能够将声音和讯号跟外界联系起来，但其中有很多因素是多变的，我们并不知道其中的含义。我们看到渡鸦和黑猩猩等不同的动物拥有一些声音，我们可以将其判定为食物叫声，但这些声音总是会跟我们无法轻易识别的其他声音及讯号掺杂起来。

这就是人类面临的挑战，我们需要想出方法或途径，来识别和解析目前尚无法理解的讯号。人类认为,所有语言都必须要由声音构成,这种观念让我们漏掉了讯号的其他重要维度:触觉、味觉、嗅觉和视觉。以上这些元素联合起来,创造了食物讯号,对我们和动物来说都是如此。

从食物讯号中,我们隐约窥见了一条语言原则的身影,就是所谓的"施动—受动者"原则,也叫作主宾原则。这条原则的内容是,在句子当中,施动者是主体,而受动者是直接对象。在"The man robbed the bank(那个男人抢劫了银行)"这句话中,"男人"是施动者,"银行"是受动者。我的某个学生利用一群野生黑尾土拨鼠做了些实验。她分两次去接近土拨鼠,并录下了这些动物发出的叫声。第一次她穿着黄色T恤;第二次她穿着同样的衣服,但提供了向日葵种子做食物。不同情况下发出的叫声存在差异。两种叫声都包括了对人和T恤的描述成分,但有向日葵种子出现的那次,叫声中也出现了其他内容。差异性内容很有可能提及了向日葵种子。那么第二次的叫声可以被视为一个句子:"Human bringing seeds.(人类带着种子)。"在这里的语境下,"人类"是施动者,而"种子"是受动者。

我们还能看到,话语系统在食物叫声中发挥了作用。以家鸡为例,雄性家鸡会评估自己找到的食物的质量,再根据附近是否有雌性来判断是否进行交流。首先,雄性家鸡味觉感知器官会分析食物质量,并向大脑提供数据,来鉴别食物是否值得食用,甚至更进一步,是否值得吹嘘。掌握了食物的质量,再加上邻近地区雌性的可利用性,它就能做出是否发出食物叫声的决定。如果周围没有雌性,只有它自己;又或者周围只有其他雄性,那它就会保持沉默。

在抉择过程中,雄性的荷尔蒙系统做出了贡献,因为性荷尔蒙助长了它的异性意识和求偶欲望。假使周围没有其他雄性,只有怀着倾慕之情的雌性观众,那它会咯咯大叫,告知大家食物的存在和质量。这助长了它在那些雌性眼中的魅力。所以,在什么时候发出叫声是明智的选择,加强了它的繁殖适应性,增加了它的繁殖途径;同时,这也是自然选择对话语系统进行塑造和雕琢

的又一个例证。

　　本章中谈到的几种动物和人类一样，都是群居动物，对它们来说，跟群体或种族成员交流食物信息也是头等大事。在人类和动物的世界里，这都是直接关系到生存的重大问题。倘若动物隐瞒食物的存在、质量、数量，以及种类信息，对社会群体的其他成员秘而不宣，那其他成员也会改变态度，在分享信息这件事情上同样保持沉默。到了最后，谁也不能从这种状态中受益，没有任何赢家；但通过交流食物信息，我们和其他动物都能获得直接利益，我们会活下来，社会纽带也会更加牢固。

Chapter 6
HOW DO ANIMALS TALK

好想跟你谈恋爱

我不会唱歌。我想自己应该很喜欢唱歌，但无法正确地连接起两个音符，再把它们一个接一个地吐出双唇。我来自于音乐世家，每个家庭成员都会唱歌、弹钢琴和吉他，但这些技能全都跟我无缘。我妈妈曾经做过无数次尝试，想纠正我唱歌走调，但终于还是放弃了。因为她认识到这其中的必然性：无论我和她多么努力，我都没有这个能力。

因此，在我和妻子交往期间，我始终紧闭着嘴巴，以免自己的音乐缺陷吓到她。妻子也来自于一个具有音乐背景的家族，她的嗓音十分悦耳动听，不知道是什么原因，只要是听过的歌曲，她就能够完整地记下歌词。

我把她称为我的点唱机。只要我说出听过的某首歌的几句歌词，她就能一字不漏地唱出来。一天晚上，我们需要开车从塞多纳前往弗拉格斯塔夫，中途会穿越亚利桑那州的橡树溪峡谷，沿路全都是宏伟的岩层。这个晚上是我们所经历的最浪漫的夜晚之一。月亮刚刚升起来，皎洁的光芒照亮了岩石，就像给周遭的事物施了魔咒。我提到了有关银色月光的什么事情。就在那一刹那，我的妻子唱起歌来。在整个旅程中，她一首接一首地唱着关于月亮的歌，从头至尾都没有重复。

在我们两个当中，她是唱歌给我听的那个人。但通常都男性唱歌给女性听。那是某个夏天的夜晚，当时我还是个学生，住在威尼斯一家廉价的出租公寓。白天我在各个博物馆间流连，坐在咖啡店啜饮意大利咖啡，经过了一天的折腾后，疲惫不堪的我返回住处，只想快点上床睡觉，并没注意到月亮升上了圣马可广场附近的夜空。不知道什么时候，我被一个动听的男中音给惊醒了，在窗外的某个地方，有人正用意大利语唱着歌。我往外看去，发现一个二十多岁的年轻意大利男人怀抱曼陀铃，用歌曲传达着心意。他似乎正仰头看着我的窗户，我疑惑了片刻，才明白他看的是隔壁的窗户，我听到那边传来了女性的笑声。歌声至少持续了一个小时。虽然我已经很累了，但还是保持着清醒，倾听那个美妙的声音高歌了一曲又一曲。第二天早上，我听公寓的老板说，那个年轻男人昨天晚上是在为他的女儿唱求爱小夜曲，希望对方能够接受他的求婚。

交流在两个恋人之间十分重要，这并不是什么秘密。还有更多的爱情歌曲、诗歌、明信片以爱情为描写对象，数量远远超过了其他主题。当我们陷入爱河时，就会想将自己的感受传达给对方：他们对我们是多么重要；我们是多么害怕失去他们；我们爱他们，远远胜过爱其他人。但表达爱意并不是唯一要做的事情。我们还想知道另外那个人是否对我们有同样的感觉，我们在他们心目中是否同等重要。

所以我们在交流的同时，会乞求对方进行反馈和回应。我们当面或在电话里畅谈几个钟头，我们发短信，寄明信片，写电子邮件。我们为那个人细心打扮，格外注重外表和身体气味，换上昂贵的衣服、首饰、香水或乳液。我们跳舞，我们卖弄，我们花钱。这一切花费不菲，但又十分重要。

站在进化论的立场来看，上述行为基本上都跟求偶有关。我们也许经历过千辛万苦走上晋升之路，在房子、公寓或其他资产上进行巨大的投资，使出浑身解数来提升我们的社会地位。不管我们在这些领域如何成功，到了最后，以进化的观点来分析，假设我们找不到缔结婚姻、组建家庭的对象来分享这些东西，所谓的胜利都是毫无意义的。假设你不能交配，不能成功地把基因传递给下一代，你的适应性就是零，不管你有多少钱，或者你在其他领域有多大成就。在进化过程中，你的适应性为零，那你就像是从来没有出生过，因为你没能把基因传递给下一代。这并不仅仅是陈词滥调，这是驱动了所有生

命的理论。

这种进化推动力早已披上了人类文化的华丽外衣。出身于正确的家庭，获取足够的资源，对异性显示出吸引力，找到并俘获某个人的心，在安全又便利的地方组建家庭，将你的遗传特征传递给孩子，这样他们就成功了——这些内容全都被包裹在交配的保护伞之下。

求偶是生活的一部分，交流讯号与外貌行为纵横交错，编织出了丰富多彩的世界，诱惑着你，并对你作出保证：哪怕是最孤独的个体，也能成为好的伴侣，即使只是仅仅一瞬间。在这个过程中，每一步都涉及一些微妙和不那么微妙的提示、信息成果，以及反应——语言和舞蹈在此交汇重叠，两个舞伴通过共舞互相了解，一步接一步地，走向顶点。

求偶期间，尽管大量的情感和荷尔蒙翻江倒海，但还是有些非常微妙而重要的问题需要查询。首先，第一步牵涉到寻找并接近潜在伴侣。一旦两位潜在伴侣认可了身份并开始接近，随之而来的就是求偶序列了。我把这个步骤叫作识别阶段，男性和女性在这段时间内互相熟悉。他们了解对方的过去、现状、工作职位和生活水平。他们比较好恶，交换往日的秘密和未来的梦想。交流在这里变成了不可或缺的一部分，因为它让分享信息成为可能，两个人会通过评估来决定自己是否想要留下，继续这段关系。到底是什么元素会让人意识到个体之间的差异？一位女士是否愿意骑摩托车，或是一位男士是否喜欢歌剧，也许就会成为迈不过去的那道坎，不过这只是对一小部分人而言。但还是有些较宽泛的问题相当重要，不仅仅是人类，对其他物种也是如此。那么，我们就先站在女性的角度来看看吧。

说到人类，就是说到了所有的哺乳动物，女性在生育过程中投入更多。她们花费时间和精力怀孕。她们为孩子喂奶，哺乳期间的热量消耗是怀孕期间的两倍。在下一代的成长期间，她又经常会花费更多的时间来照顾孩子，并规范他们的行为举止。

女性会想要知道，作为养家糊口的主力军，男性到底有多棒。他能为她提供安全的居住场所吗？他有足够的食物提供给家人吗？他具备养育孩子所需的资源吗？他会将优秀的基因传递给孩子吗？他聪明吗？他能照顾她吗？

这不仅仅是一个重大的问题，而且是女性想要知道的问题。我在肯尼亚居住时，一位受过大学教育的肯尼亚女性向我征求婚姻建议。她爱上了一个身无分文的穷学生，对方魅力十足、长相英俊又风趣幽默，让她笑口常开。但那个学生没有钱。另外，还有一位杰出的肯尼亚商人正在追求她，那位商人已经有了三个妻子，但有很多钱，好几栋房子，还会定期去瑞士、美国和法国度假。她困惑的地方在于，她是应该为了爱情而结婚，还是为了金钱而结婚，成为四个妻子当中的一员？按照我一贯的理想主义作风，我告诉她应该为了爱情结婚，金钱会随之而来。她说她会好好考虑。一个月过后，当我再次看到她时，她说她决定嫁给那位商人。看到我惊骇的表情，她解释说，那位商人有能力提供给她教育孩子的所有资源，还能为她提供大量的食物和度假的地方。那她爱的人该怎么办呢？我问。她能够长期跟对方保持暧昧关系。这是她的回答。

这就引出了对男性最为重要的事情。对于绝大部分雄性物种来说，提供精子比雌性的投入要容易多了，所以用生物学的观点来看，雄性的注意力都会集中在一件事上，就是不要被愚弄，花时间和精力去养育保护其他个体的下一代。这就是我那位肯尼亚朋友逻辑中的不足之处。假如到了那一步，她的丈夫绝对不会接受她和情人生下孩子。作为男性，他不会愿意将大量资源花费在一个跟自己没有血缘关系的孩子身上。

因此，在求偶仪式的识别阶段，就涉及了发送讯号的问题，其作用是降低恐惧临界值，安抚另一半，让其相信潜在伴侣不会带来伤害，并建立共同信任关系。求偶总是关乎到信任。女性想要知道自己是否可以信任男性，对方是否能够提供资源、基因，或者两者皆有。男性的任务就是获取女性的信任，他们必须要展示自己具有智慧和经验，要么是实力和地位，要么就是获得成功所

需的才华。男性必须要让女性相信，他们会提供食物、居所、保护和良好的生活质量。他们也会想知道，他们能够信任女性将为自己生育后代，而不是其他人的。使用语言的力量，恐惧临界值降低了，侵略性的本能也变得柔和，迎接下一代的舞台搭建完毕，生活将会随之发生改变。

))) 身体语言

当我在加州大学伯克利分校攻读研究生时，有个同学劝我去旧金山的一家酒吧，看看能不能和美女搭讪。当时，我对跟任何人搭讪都不感兴趣，但我听说他在这方面天赋异禀，于是就很想看看他会如何采取行动。而他邀请我的原因很简单，我有车，而他没有。就这样，我们去了北滩的一家酒吧。

我们坐下来点了酒水，因为要开车，我要的不含酒精的饮料，我的同学要了马提尼。我们随意地打量着酒吧里的情况。我的第一印象是很多人挤在狭小的空间里。小小的桌子摆放得很密集，一群人几乎紧贴在另一群人身上。噪声等级非常高，每个人都被迫扯着嗓子叫喊，但不管人们对其他人说什么，都会被背景音乐淹没。很显然，使用惯用的语言交流方式是不可能了。我大声对朋友说，我喜欢跟人聊天，也许我们应该换个地方。他举起手，手掌对着我的脸，做了个"别说话"的手势，又用口型对我说，"等等"。

于是我就等着。等我的眼睛适应了昏暗的光线之后，我注意到四周全都是一小群一小群的美女，通常是两到三个人一个小团体。在女人团体中间，还散落着小撮的男人，也是两三个人一个小团体。不时地，其中一个男人就会站起来，走向某个女人，俯身到她耳边，说上几句话，而女人也会凑近男人的耳朵说上几句话，如此一来一回，会持续上一阵子，结局无外乎两种，要么是女人摇摇头，男人就会垂头丧气地回到自己的桌子；要么就是女人跟朋友交代几句，跟着男人离开酒吧。

我在漫不经心地观察，而我的朋友却在环视着酒吧，脸上带着坚定的神情。偶尔，他的目光会在某个女人身上停留几秒钟，随即又落在我的身上或是酒杯上，片刻之后又会回到那个女人身上。大约一个小时过去了，他就这样观察着不同的女人。我觉得很无聊，准备离开。我向来对嘈杂的酒吧不感兴趣，身处在陌生人的包围之中，重重声浪会让我耳朵痛。

突然之间，我的朋友站起来，走到附近的桌子边，找了个位置。那一桌坐着刚刚进来的三个美女，我的朋友拉过一旁的椅子，坐了下去，凑到其中一个女人的耳朵边，说了几句话，女人也附到他的耳朵边回答了几句，这种情形持续了十分钟左右。然后他们两个都站了起来。我的朋友过来跟我说，他要跟这个女人一起走，然后我就是孤身一人了。他会自己想办法回伯克利，到了第二天再打电话给我。

接着他就跟着那个女人离开了，我也在不久后离开了酒吧。我很讨厌他浪费了我的时间，并没意识到他在人类的求偶信号方面给我上了宝贵的一课。

第二天，他给我打了电话，我问他前一天晚上发生了什么事。他建议我们晚上去伯克利大学的学生最喜欢的地方聚聚，喝杯啤酒。当他走进大门时，脸上挂满了笑容，他告诉我，那个女人带他去了自己在旧金山的公寓，他们两个在那里过了夜。后来那个女人开车送他回了伯克利，他们在本周的稍后时间还有个约会。

我大为吃惊，这些遭遇竟然是源自于十分钟的互动，而且发生在一个无法深入交谈的地方。我请他说说其中的诀窍。他解释说，这全都要归功于精心设计过的肢体语言。

在酒吧里，他花了很多时间去注视那些对他有吸引力的女人。在注视的过程中，如果他发现有女人在回望他，他就会露出微笑。如果对方移开视线，他就知道目标人物不感兴趣。如果对方也报以微笑，他就知道目标人物也许会感兴趣。这个时候，就该上演第二阶段了，也就是肢体语言舞蹈。他移开视线，目标人物也会移开视线。但是，45秒之后，他会再次望回去。如果对方没有看他，他就知道先前的微笑只是出于礼貌，并不是兴趣。如果目标人物在45秒之后还看着他，他就会再次微笑，如果对方也露出微笑，他就知道可以进行下一步了，那就是走到对方身边，打个招呼，报上自己的名字。如果对方也说出自己的名字，那就是第三阶段拉开帷幕的时候。他的下一步行动就是坐到目标人物身边，微笑，说些毫无意义的话，比如说"很高兴见到你"。与此同时，他会观察对方手臂、双腿和胸腔的位置。假使双脚和膝盖都离他远远的，这就表明对方并不是很感兴趣。假使双脚和膝盖都指向他，那就是个好的讯号。到了这时，目标人物手臂和胸腔的动作将起到决定性作用。假使对方摸摸脖子或者头发，又或者是上衣的正面，这些动作都表示出兴趣，是好的讯号。另一个好的讯号是对方会扭转身体，将胸腔对着他的胸腔。而最好的讯号则是对方翻转手臂，手掌向上，露出手腕。这样他就会在不经意间碰触对方的手臂，停留几秒钟，再轻轻地拂过手腕。假使对方真正感兴趣，就会在30秒内作出回应，用手摩挲他的手臂或手。这正是我朋友所期望的讯号，对他来说，这就是在建议两个人去个可以聊天的地方，而在昨天的那种情形下，就是去女人的公寓。

谈及人类的肢体语言，耐人寻味之处就是它囊括了本能与普遍行为——例如惊讶、恐惧和愤怒这些面部表情——但也能有意地去使用和操纵。在酒吧的案例当中，女人碰触头发或脖子，但她自己可能并没有完全觉察到自己做出了这些姿态，就像是某些人紧紧把双臂抱在胸前，不自觉地就表露出恐惧、怀疑，或者是"封闭"自我的欲望。

从另一方面说，当异性在那个女人身边坐下时，她说不定故意是利用了身体肢体语言，将身体转向对方，以此来向异性表明自己的兴趣。事实上，将脸庞转向正在跟你谈话的人，直视对方的眼睛，表示出百分百的关注，都是肢体语言的把戏，售货员、励志演说家，以及想向他人传递积极信息的人都会使用这些花招。

肢体语言——通过身体位置、姿态、面部表情、动作和手势来发送信息——在和其他类型的讯号结合使用时尤为有效。对我的朋友而言，肢体语言交流对口头语言起到了锦上添花的作用，他引起女性谈话兴趣的技巧，他对女性谈话内容所表示出的兴趣，都在为他的微笑、眼神接触和开始温柔的碰触推波助澜。

))) 鱿鱼的语言

我在炸鱿鱼的盘子里见过很多鱿鱼片和鱿鱼粒。不幸的是，到了那个时候已经太晚了，来不及见识这种动物有多么不可思议的语言技巧了，尤其是加勒比海礁鱿鱼（加勒比珊瑚乌贼）。

海礁鱿鱼生活在加勒比海的浅海地区和佛罗里达沿海地区。一般来说，每四到三十只海礁鱿鱼就会组成一个群体，它们经常在礁石间游荡，靠食用鱼、甲壳类动物和软体动物为生。跟自己的章鱼亲戚一样，鱿鱼能迅速改变体表的花纹。原因是它们拥有含有颜色的细胞，叫作色素细胞。和色素细胞相连的肌肉能够收缩、拉升细胞，暴露出细胞内的色素；肌肉也可以彻底放松，让细胞恢复至极小的体积，使色素处于不可见状态。

改变色素细胞的大小能够创造出惊人的视觉效果，全都在眨眼间完成。当肌肉让细胞放松时，所有的细胞收缩至最小体积，鱿鱼呈现出白色，就像是一截带有短触手的白色管子。但通过选择性的控制需要拉伸的细胞，鱿鱼就能制造出伪装图案，让自己融入周围的环境中，迷惑掠食者；又或者，这种能力还能向其他鱿鱼发送极为复杂的视觉讯号。

就像其他多种动物，鱿鱼在交配后不久就会死去。雌性鱿鱼一旦和雄性交配，就会在产过卵之后死去。雄性的寿命要略长一点点，这让它们有机会在死亡降临之前让更多雌性受精。在那段时间内，它们会向异性大献殷勤。

当雄性鱿鱼靠近雌性时，它们会闪烁特定的颜色图谱，来表达交配的意愿。要是雌性改变体表颜色以表示同意，雄性就会用触手轻抚雌性的身体。雄性鱿鱼也必须要对付其他有交配意图的雄性，它们会对竞争者闪烁攻击性讯号。令人惊叹的是，雄性鱿鱼能够用半边身体对位于一侧的雌性闪烁交配讯

号，同时，用另外半边身体对位于另一侧的雄性闪烁攻击讯号，警告它们滚远点儿。

颜色图谱的变化迅速而多样。看到这些图谱在几秒钟内发生变化，你会产生这样的印象：你目睹了一场谈话，但这场谈话是视觉的，而不是建立在听觉基础上的。因为个中的变化太过微妙繁复，我们能够充分描述和解析的视觉图案并不是很多。

某些图谱会在特定情境下显示出来。举个例子，在身体上纵向出现的白色条纹就是交配请求。而覆盖身体和触手的斑马纹就是攻击性讯号，而斑马纹加上整个身体变暗，就表示拒绝交配请求。

图案变化同时再加上身体姿势，就会让情况变得更加复杂。鱿鱼可以让头部向下，摆出一个"C"的形状，并把触手沿着"C"的底部向上弯折；它们还能让头部更向下，摆出一个倒"V"的形状，触手向四周散开；又或者，它们能够向上或向下弯折触手，但身体始终跟触手保持水平。这些身体姿势全都能跟不同的图谱结合起来，比如说横贯身体的黑色条纹和触手变成黑色。

对这些图谱的观察引发了一个主张，就是信息交流过程中有语法的参与。马丁·莫伊尼汉在他的著作《头足类动物的交流与封闭》一书中建议说，视觉模式和身体姿势都能够视为名词、动词、形容词和副词。名词和动词是视觉句子中的主体，比如说："你想交配吗？"形容词和副词则用来修饰主体，比如提供交配意愿的强度标准。

莫伊尼汉和他的同事花费了大量时间观察加勒比海礁鱿鱼和相关的头足类动物，如其他种类的鱿鱼和章鱼，并画下了在不同情境下出现的多种图谱。但视觉语言是不固定的，图谱也在不断变化，画图或者拍照就像是录下我们一句话中的某个词语，就转而去讨论这个词语可能是什么意思。

到目前为止，没人能依照莫伊尼汉的建议，拟定出精确的语法规则，有部分原因是逐个解析视觉语言的要素非常困难。相对于找出微妙变化中所蕴含的意义，为交配、攻击之类的广泛内容赋予意义则容易多了。想象一下，有人说了"我爱你（I love you）"和"我喜欢你（I like you）"，而对于一个不懂得我们语言的人来说，要分析出这两句话的差异是多么困难啊。有了上面的实例作参照，再去谈从不断变幻、快速切换的视觉图谱中寻找确切含义，你也许就能理解其中的难处了。

信天翁的舞蹈

终生保持一夫一妻制度的动物并不多，信天翁就是其中之一。生命中的大部分时光里，这种巨大的海鸟都在广阔的海洋上空翱翔，捕食鱼类，一天飞好几百英里。然而，在每年中有短暂的几个月，信天翁都会到偏远的海岛去，在那里筑巢、交配，孵化并养育幼鸟。

在最终选择伴侣、安顿下来组建家庭之前，青年信天翁有四到五年的恋爱期。在这几年期间，年轻的雄性和雌性信天翁会演绎精致绝伦的求偶舞蹈，并结合了视觉姿势和声音。

有项研究记录了漂泊信天翁（特岛信天翁）的求偶舞蹈，这种信天翁生活在鸟岛。这个小岛位于南乔治亚岛西端，孤零零地坐落在南美洲南端和南极洲之间的大西洋海域上。信天翁会陆续回它们出生和成长的海岛，雄性会比雌性先一步抵达目的地。还没配偶的年轻雄性会聚集在展示区，它们在那里展开第一步行动，就是摆出求偶舞蹈的姿势。它们会伸长脖子，用喙指向天空，有时还会展开翅膀。在保持这个姿势的同时，它们还会发出刺耳的声音，快速重复几次。

没有配偶的雌性信天翁到达海岛时会经过雄性的聚集区，它们会在着陆前盘旋几圈，看看谁对自己最有吸引力。着陆之后，雌性会摇摇晃晃地走向事先看中的雄性，停在几步开外的地方，模仿着雄性的姿势，用喙指向天空。在这个时刻，雄性必须要决定自己是否喜欢这只雌性信天翁。如果不喜欢，它就会走开。如果喜欢，雄性就会进行舞蹈的下一个环节。就是所谓的问候阶段，这个环节要由两只鸟儿共同完成，其中包括复杂的抬头和低头动作，鸟喙接触和

张合动作，以及摆头和扭头动作。通常情况下是这样的：两只鸟儿先是会伸着头，保持高高昂起的状态，随后再低下。接着，它们会用喙互相碰触，再张合着鸟喙，发出咔哒咔哒的声音。这一步完成后，两只鸟儿都会上下摆动几下头部，这时，其中一只鸟儿就会扭动头部，具体动作是把头歪向一边，一只眼睛看着潜在伴侣，另一只眼睛看着潜在伴侣的双脚。

同样，问候阶段过后，两只鸟儿都有离开的机会，但假使它们对现状很满意，那就会进入下一个环节。两只鸟儿都会摇晃自己的喙，再做出好几个头部动作，包括将头往后扭向身体的方向，再依次将头往上方和前面晃动，最后再沿着身体侧面划一圈。

这些摆头、碰触鸟喙和弯曲脖子的动作仿佛是一场精心编排的双人舞，两只鸟儿的交替动作完美到了极致，就像是跟芭蕾大师学过舞蹈。两只鸟前后晃动几下头，再笔直昂起，与此同时，它们还迅速颤动着喙，发出咔哒咔哒的响声。随即，它们还会把头往后仰，再猛地一下往前甩，让头部和身体的其他部分保持平行。而另外一只鸟儿就会抬起头，张合几下喙，又把喙伸进胸口侧面的羽毛里。表演结束后，两只鸟儿都会静止不动，把喙指向地面，发出一连串

"哇哇"的叫声，每秒钟会重复两到三次。

在交配季节，年轻雌性信天翁会跟不同的雄性跳求偶舞蹈，有时候还会不止一次地跟特定的雄性跳舞。最终，雌性会频频地跟一只特定的雄性信天翁跳舞，于是两只鸟都会离开小岛，在大西洋上游荡八个月时间，主要任务就是进食。

第二年，这两只鸟儿在一起共舞的次数可能会比其他对象更多，但它们并不急于繁育下一代。只有在一起共舞三到四年之后，它们才会考虑繁育后代。雄性信天翁会在岩石堆里找到几英尺宽的缝隙，作为巢穴地址，并在那个地方跳舞。雌性信天翁会越来越频繁地去那里与雄性共舞，直到双方都决定，在此后几年都会选择对方为唯一的配偶。

即使绝大多数鸟儿会遵循这个普遍的求偶程序，人们还是会将其形容为老套或古板，数据研究并不支持这套程序是天生的这一说法。其实，程序中仍然存在很多变化。这些变化可以归结为缺乏经验的年轻鸟儿弄错了步骤，并在逐步学习如何以有效吸引异性的方式去完成这个程序。有70%的求偶程序以雌性抛弃雄性收场，有25%的程序则以雌性跟着异性回到小窝获得完美结局。

这些统计数字让我想起了我和朋友在酒吧里的观察所得。绝大部分时间，男人在搭讪时都会被踢出局。他们要么是肢体语言有问题，要么是没注意一些微妙的线索，又或者是说错了话，但大多数人都是在碰了壁后，灰溜溜地回到自己的位置上。然而，我的朋友第一次尝试就获得了成功。正如他告诉我的，他不得不付出艰苦的努力，在无数次拒绝中获取经验，把握必须要寻找的线索和讯号。同样，信天翁也必须要把握取悦伴侣的线索。至少对它们来说，有4年左右的时间去练习寻找伴侣。

))) 蜥蜴的交谈

某些蜥蜴就像信天翁一样，拥有复杂的视觉语言。我的房子里有个木制的

露天平台，同时被丽纹树蜥（花园蜥蜴）和猎食蜥蜴的走鹃（一种鸟）当成了觅食地。我试图把走鹃轰到别的地方去，因为我喜欢看着蜥蜴在露台和粉刷过的墙壁上蹦蹦跳跳。它们不仅友好，还能控制昆虫的数量。

每当我感觉到自己需要一点动物行为来调整思路时，我就会走到露台上，找到一只蜥蜴，走到和它相隔10英尺左右的地方，站在那里看上几秒钟。一般来说，被我注视的蜥蜴会扭过头来，以便它也能看到我。假如我们之间的距离小于10英尺，它就会跑掉。出于自娱自乐的心态，我会模仿蜥蜴的姿势：我往前弓着腰，让全身和地面平行，再摆动头部和躯干三到四下，并快速地上下晃动身体。这往往能够吓得蜥蜴落荒而逃。

但有几次，蜥蜴也会作出回应，它会做出三到四下类似于俯卧撑的动作，就是用前腿支撑重心，身体上下起伏。而我会上下晃动头部几次来表示回应。要是我的动作正确，蜥蜴也会晃动头部。在此之后，它的整个身体都会凌空跃起，连尾巴也不例外，它会用力收起四条腿，猛地往上蹿，这样上下跳跃三到四次。如果我重复晃动身体和头部，蜥蜴也会按照同样的顺序重复这套上下起伏的动作。但几次过后，蜥蜴貌似失去了兴趣，开始在露台爬来爬去，寻找小虫子。我猜是因为我的谈话不够有趣，不足以吸引蜥蜴的注意力。即使只是短短的一瞬间，我也会为能够跟蜥蜴说过话而感到高兴，虽然我和蜥蜴都不知道对方在说什么。说不定我的语气很凶呢。

树蜥还有个亲戚，叫作灌丛刺鬣蜥，它们在展示求偶和占地盘行为时使用复杂的语法。灌丛刺鬣蜥生活在美国西部的丛林地带。白天，它们常常会趴在地面、岩石和低矮的树枝晒太阳，或是寻找各种小昆虫与蜘蛛。利用背部的棕黄色斑点，它们能够轻松地融入树叶和小树枝构成的背景环境中；保护色也能帮它们躲过掠食者的注意。灌丛刺鬣蜥的肚子是奶油白色，雄性和部分雌性的身体两侧长有亮蓝色斑块，但不管是雄性还是雌性，脖子下方都会呈蓝色或黄色。

这些蜥蜴的展示动作分为3个部分。第一部分是普通身体姿势，主要是拱起或放平背部，这样的动作会暴露出身体两侧的亮蓝色斑块。第二部分是用腿支撑身体离开地面，这里涉及了腿的条数问题。听起来也许很可笑，但这种蜥蜴能够选择用一条、两条还是全部四条腿支撑身体。第三部分是摇晃头部的次数、方式和顺序。它们可能会快速摇晃头部两次，然后保持静止姿态；又或者连续摇晃头部7次，每次间隔一秒。它们还会隆起喉咙下的某个部位，暴露出鲜艳的蓝色或黄色斑纹。

以上这些展示动作随机组合，就会出现6 864种可能。但有人对灌丛刺鬣蜥进行了细致的研究，发现它们实际使用的只有172种组合。这些特定的组合包含一种语法，能够决定特定的组合动作应该在何时使用，以及怎样使用，就像我们用语法来规定词语以何种形式出现在句子里。

举个例子吧，雄性和雌性灌丛刺鬣蜥会以不同的方式来使用这些讯号。雄性较多地使用身体姿势，尤其是在侵略冲突当中；而雌性较少使用身体姿势，但对晃动头部这个动作的态度则不同。雄性也会使用上下颤动头部的讯号，但只会表演给雌性看，代表它们很有兴趣交配。跟很多其他物种一样，雄性在一开始都存在过于主动的问题，为了获得交配机会，必须要学会放缓步调。

)) 来看看哥的品位

正常情况下，人们意识不到视觉图谱对自己产生着怎样的影响。当我处于人生中的约会阶段时，我和一位在派对上认识的女性相处很愉快，于是我们定下了午餐约会。那顿午餐吃得很愉快，现在回想一下，大概是因为她询问了我的工作，让我打开了话匣子，而且她似乎对我所说的内容也很感兴趣。我们又定下了一次约会，到时我会去她的公寓喝咖啡。

一走进她的公寓，我立刻觉得我们两个没戏了。她居住的地方很小，只有一室一厅。每个能够放下家具的地方，都塞进了满当当的椅子、沉重的茶几、台灯、杂志架和置物架。置物架上摆着粗制滥造的塑料纪念品，代表着她去过

或者想去的地方——埃菲尔铁塔、电缆车、金门大桥和自由女神像——间或点缀着小精灵和仙女的陶瓷像。客厅的角落里放着一大堆毛绒玩具，每个玩具胸前都钉着纸做的红色大爱心。墙壁上挂着用廉价框子镶起来的励志名言，例如"甜蜜之家"和"心之所在即为家"。

她的装饰没有问题，但跟我的品位不符。那个时候，我对装饰的理念可以描述为亚洲—北欧—极简主义混搭风，对一个研究生的经济状况刚好合适。我的书架上有几本这方面的书。我的家具是功能性的，但是数目寥寥，朴实大方。我没有毛绒玩具。我的墙壁上挂着在当地美术博物馆买的抽象艺术海报。总之，跟她这里截然不同。当然，我礼貌地履行了喝咖啡的约定，谈了些不同的东西，但从此以后再也没打过电话给她。

当时，我觉得自己会对我们合不来的原因保密，不向她或者其他人提起。但我们布置生活空间的方式深刻地揭示了我们的本质，以及我们和世界的关联。我们会选择物品来协调和展示世界观，这其中也是存在句法的。倘若我们的世界观很混乱，那这种混乱就会投射在我们生活空间的装饰上面。倘若我们的世界观宁静平和，那这种宁静平和也会投射在我们装饰环境的方式上面。潜在的伴侣能够立即得到视觉概念，从我们和环境的关联中了解到我们的本质。

园丁鸟的所作所为就跟上述例子没什么两样。园丁鸟生活在新几内亚和澳大利亚的热带地区，雄性毛色鲜艳，而雌性毛色黯淡无光，以便它们和环境融为一体。在求偶期间，为了吸引雌性园丁鸟的注意，雄性园丁鸟会用树枝搭建起名为"凉亭"的巨大建筑物。凉亭通常呈U型结构，U的两侧用粗壮的树枝搭建，前后敞开形成出入口，能够让鸟儿进入凉亭。用作建筑材料的树枝里会混入大量色彩夺目的东西。

在20种园丁鸟当中，每种园丁鸟所搭建的凉亭在设计上都会有少许差别，但总体原则还是一样的。在雄性园丁鸟眼中，任何色彩鲜艳的东西都是它们的搜寻目标。这些东西有可能是七彩甲虫，雄性会杀死它们，小心翼翼地放置在凉亭的墙壁上；或者是破碎的蜗牛壳，在阳光下看来光芒熠熠；又或者是牙刷、玩具飞机、钥匙扣这些颜色亮丽的塑料制品。最近几十年间，汽水罐和啤酒罐上亮闪闪的金属拉环也变得颇受欢迎。每样悉心放置的东西都反映出它们的品位。据我们所知，雄性园丁鸟还会对附近的凉亭发动突袭，互相抢夺漂亮的东西，就像是小偷闯进别人家里偷盗艺术品。

按照心意装饰好作品后，雄性会蹲在凉亭里，通过发出叫声和伸展双翅来向路过的雌性进行夸耀。它们的目的就是吸引雌性园丁鸟进入凉亭，用内里的陈设让雌性眼花缭乱，目眩神迷。如果雌性喜欢它们见到的东西，就会跟雄性在凉亭里交配。随后雌性会离开，在地面上筑起毫不显眼的巢穴，在巢穴里产卵和孵化出幼鸟，并独自抚养下一代。在整个过程中，除了最初的精子，雄性就再也没有贡献了。

因此凉亭并不是巢穴，只是一种建筑，用来向雌性展示雄性的审美品位；雄性寻找有趣夺目的物品作墙壁装饰品，也是为了表现自己的勇猛。正如我们的居住空间反映了我们的品位和世界观，凉亭也反映了潜在伴侣的品位和实力。视觉性宣言既能激起雌性的交配意愿，又能促使雌性拒绝潜在的追求者。

建造凉亭的步骤似乎是可以学习的，至少在某种程度上是这样。年轻的雄性园丁鸟并不擅长设计凉亭的式样，所以跟较为年长、更有经验的雄性相比，它们得到的交配机会也较少。但随着时间的推移，它们提高了装饰技巧，也开始吸引更多雌性。同样，随着时间的推移，我们也学会了改善房子或公寓的装饰，以此来打动那些跟我们世界观一致的伴侣。

但求偶的语言并不只是涉及视觉讯号——对于园丁鸟来说，是它们的建筑装饰——还有一个重要的组成部分，就是唱歌。

鲸鱼也唱流行歌曲

跟我们一样，雄性座头鲸（驼背鲸）也会唱歌。我清楚地记得，有天我拿

起了一本1979年1月的《国家地理》杂志。杂志里有篇文章的标题为"座头鲸：它们神秘的歌声"，随书还附上了塑料唱片。我立刻播放了唱片，并为接下来听到的低频隆隆声、咯咯声和滴答声而赞叹不已。但唱片上其他东西让我更加着迷。有首曲目将鲸鱼的歌声加快了16倍，也就是说音符间隔被压缩了，整首歌曲要比正常座头鲸的歌曲短了很多。让我惊讶的是，加速后的歌曲听起来就像是鸟儿的歌唱！

在开始分析土拨鼠的叫声时，我发现可以在电脑上随意加快或减缓声音的速度。我加快了鲸鱼的歌声，发现它听起来确实很像是鸟儿在歌唱。但我还减缓了人类的说话声，结果发现它听起来像是鲸鱼的歌声。在以比正常速度慢16倍的速度下播放，人类的说话声里有了低频的隆隆声、咯咯声和滴答声，跟座头鲸的歌声十分相似。将人类的说话声加快八到十倍，又听起来像是你在春天的公园里听到的鸟儿歌唱声。

这促使我去思考动物如何感知时间。也许鲸鱼感知到的时间比我们慢，而鸟儿感知到的时间更快。在我们耳中像是缓慢的咕哝声和哼哼声，没准让鲸鱼感知起来，就跟我们感知一句话一样。在我们耳中像是鸣禽在轻快地叽叽喳喳，没准让鸟儿感知起来，就像是我们听到了人类语言的一个短语或句子。当我刚刚开始解析土拨鼠的语言时，大家都知道它们会发出示警叫声。但因为声音只有0.1秒长，我们听起来就像是简短的叽叽声，没有包含任何信息。之前研究土拨鼠的人并没有这么精密的录音设备，他们断言说，所有的叽叽声都是一样的，针对土狼发出的警报跟针对人类发出的警报没什么区别。一旦打破时间维度，我就有了新发现：针对不同的掠食者，土拨鼠所发出的叽叽声也不一样。这就意味着土拨鼠处理信息的速度比我们更快，也意味着其他动物处理声音信息的速度有可能比我们快，也有可能比我们慢。

再说回座头鲸的歌声。我不得不坦率地承认，没人知道那些声音是什么意思。我们唯一能获得的就是声音的模式，在人类听来就像是歌曲，结构跟语言极为相似。只有鲸鱼才会唱歌，它们会在热带水域的繁殖区歌唱，而不是在赤

道地区更为遥远的觅食区。鲸鱼每年都会从觅食区迁徙到繁殖区。有时候，雄性鲸鱼会在从繁殖区返回的路上尽情歌唱，但绝大多数情况下，只有它们对交配最感兴趣，对进食不感兴趣的时候才会唱歌。

鲸鱼有很多种群，分别生活在不同的海域。其中包括大西洋西南部和东南部种群、大西洋北部种群、太平洋北部种群、澳大利亚种群和印度洋种群。这些族群在DNA上存在着明显差异，表明不同的地理种群之间基本没有交集。

在繁殖季之初，所有的雄性鲸鱼都会在繁殖种群内唱响同样的歌曲。不同的繁殖种群歌曲也不同，但基本机构相似。一首歌包含若干个单音或声音种类，跟我们的音节差不多。单音组成乐句，大致可以看作是我们的词语。乐句则组成主旋律，可以看作是我们的句子。歌曲会多次重复，持续几分钟至半个小时，有时候甚至好几个小时。

在一个繁殖季之内，歌曲还会随着时间改变。一星期又一星期过去，新的乐句逐渐加入，旧的乐句弃之不用，到了繁殖季末尾，雄性鲸鱼有可能唱着

完全不同的歌曲。在几年的跨度之间，一个繁殖种群的歌曲会出现大幅度的差异。20年前所唱的歌曲到了今天会烟消云散。乐句改变了，乐句的速度或节拍也随之改变。

鲸鱼的歌声中还是有很多未解之谜。某项研究显示，考艾岛海岸的座头鲸种群在一个繁殖季节之内会改变歌声，变得跟墨西哥西海岸另一个鲸鱼种群的歌声极为相似。虽然低频音能在水下传播很长距离，但据估算也只有几十英里，远远达不到这两个种群相隔的几千英里。这份研究报告的作者提出，也许鲸鱼歌曲的变化遵循着某些未知的规则，或是受到鲸鱼大脑中某种神经单元的管理。当然了，我们并不知道鲸鱼歌曲的变化如何跨越了广阔的地理区域，也许这些变化只是巧合。又或者鲸鱼能够听到同伴在远处发出的歌声，大大超出了我们想象中的距离。

还有些研究表明，一个繁殖种群能够迅速学会其他种群的不同歌曲。一项研究显示，在1995年和1996年间，昆士兰东南海岸一个繁殖种群内的绝大部分雄性鲸鱼都唱着本地区的普通歌曲，但有两头雄性鲸鱼标新立异，唱着跟其他82头雄性鲸鱼不同版本的歌曲。到了1997年，它们的歌曲变得较为常见；而到了1998年，它们的歌曲变成了所有雄性鲸鱼的唯一曲目。这首新歌曲跟澳大利亚西海岸的雄性鲸鱼在1996年所唱的歌曲如出一辙，但莫名其妙地，它被引入到昆士兰东南部的种群里，而且一炮而红。

另一项研究显示，新的歌曲能够迅速出现在一个地区，接着在随后几年之内流入其他地区。2002年，同一首新歌出现在澳大利亚东部、新喀里多尼亚和汤加。第二年，这首歌曲还停留在新喀里多尼亚和汤加，但却在澳大利亚东部消失了；与此同时，它还流传到了美属萨摩亚和库克群岛。2004年，这首歌曲在汤加消失了，但还停留在美属萨摩亚和库克群岛；而新喀里多尼亚还有几头鲸鱼在唱着它；在这段时间内，它流传到了法属波利尼西亚。到了2005年，澳大利亚东部的种群内又出现了一首新的歌曲，第二年就流传到了汤加、美属萨摩亚和库克群岛。但到了2006年，澳大利亚东部的种群又有了全新的歌曲，并在2007年流传到了新喀里多尼亚、汤加和库克群岛。

是什么原因导致了这些变化？简单地说，我们不知道。但我们可以推测。也许我们能够给出一个"嘻哈"假说。也就是说，如果你想显示出自己真的很酷很时髦，那就应该演唱最近流行的歌曲。如果你唱的是老歌，别的鲸鱼就会把你视为老顽固。尤其是，你想搏出位。你想向雌性证明你很有创意，并且有敏锐的头脑，能够让你脱颖而出。于是你就会即兴创作。今天的青少年简直不能忍受有人唱辛纳屈的歌。也许对鲸鱼来说也是一样。（辛纳屈：Sinatra，美国歌手，是二十世纪的当红巨星——译者注）

))) 鲸鱼的诗歌

虽然我唱歌跑调，但是我会写诗。我很快就觉察到这项技能打动了我妻子的心，因为以前从来没人给她写过什么诗。即使我无法通过歌声传情达意，至少也能通过书面或口头的语言来表达心曲。音乐提供的情感维度可能会被遗忘，但至少我表达了对她的爱。

就像人类，雄性座头鲸也是诗人。在歌曲中，平均有36%的主旋律以相同的声音结束，也就是说它们是押韵的。发现这一现象的研究员注意到押韵词的分布非常奇怪：假如歌曲中有大量的主旋律，那主旋律的末尾就会有更多押韵词。歌曲的长短无关紧要，关键是歌曲的复杂性。研究员还指出，这可能表示押韵有助于鲸鱼更清楚地记住歌曲，就像押韵有助于我们记住长诗歌的字词和结构。而被辅助以音乐的诗歌则是个例外。

当我年纪尚幼时，父母常请人到我们家里去进行所谓的"艺苑"聚会。音乐家会来演奏新的作品，小说家会朗诵几段他们正在创作的小说，而诗人会读上几首诗歌。那些诗多半都是过耳即忘。但有些人既是诗人，也是音乐家，他们会在钢琴前面坐下，边背诵他们的诗作，边弹奏音乐曲调。这种音乐和文字相结合的方式让诗歌变得更加令人难忘。大概这就是鲸鱼的做法——将音乐和诗歌相结合，这样它们就能记住歌曲了，同时还赋予了歌曲更为深远的影响和意义。

鸟 鸣

我们都知道鸟儿会唱歌。我们还知道雄性鸟儿靠唱歌来吸引伴侣和保卫领地。牵涉到求偶的交流十分重要。对我们人类来说，观鸟已经成为流行的业余活动，有部分人还对此相当关注。然而，经验丰富的老手和新手都会碰到一个难题，就是鉴定所谓的LBB——棕色小鸟（little brown bird）到底属于什么种类。如果你去过树林，甚至是市区公园，那很有可能见过它们：很平凡的小鸟，在灌木丛里轻快地钻进钻出，还没等你调好双筒望远镜的焦距，它们就消失了。偶尔，它们也会静止不动，让你有时间盯着它们，努力地鉴别其羽毛特征，比如说细致的眼睛条纹，或者那杂色羽毛上的轻微变化。然而，这么多种类的小鸟外表都很相像——尤其是雌性小鸟，以及披着单调的冬季羽毛的小鸟——那就真的很难将它们区分开来。

既然这些小鸟的外表这么相似，到了交配时间，它们要怎么样区分对方呢？大自然有很多途径来阻止不同物种进行交配，例如防止错误的"插头"插入错误的"插座"，又或者，万一某两个物种的各方面都很合适，并繁育出了下一代，那这种杂交的后代就会失去生育能力，例如驴子和马交配就会生下骡子。但在以上所说的两种情况当中，个体都会浪费大量的时间和精力，而它们本可以把这些时间和精力花费用来追求同物种的配偶。

因此大自然发展出了更为有效的方法，来确保一个物种的成员只跟同族成员交配，那就是交流。其实，求偶所涉及的交流模式极为重要，这是由进化所决定的，这些模式已经被植入了求偶仪式当中。

求偶仪式并不仅仅是交配的前奏，也能被视为是一连串步骤，让个体在此过程中制造合适的讯号，而其他个体作出合适的反应，以激发其后的一连串讯号。总之，这些行为充当了锁和钥匙机制，让特定物种的雄性和雌性顺利通过一扇扇大门，从定位与识别直到最后成功的繁殖。

假若某只棕色小鸟刚巧是一只雄性歌雀，它会叽叽喳喳地唱出复杂的歌曲，曲目的数量之多会让你大吃一惊。相对于盐沼麻雀千转百回的歌声，它的英国麻雀表亲只能发出仅有两个音符的吱吱声，敏锐的异性只要稍微一听，其中的高下立见分晓。经过了千千万万代交配，雌性歌雀的耳朵变得对这种歌曲很是敏感，即使不兴奋到极点，也多多少少会产生兴趣。实际上，它们会接近大展歌喉的小鸟，并接受求爱行动。因此要启动仪式，第一步就是惯有的歌曲。

在9 000多种鸟类当中，只有大约半数的鸟类会唱歌，这些鸟儿就是鸣鸟，在技术上被认为是鸣禽（是对雀形目的细分）鹦鹉、蜂鸟。就像我们，很多鸣禽都会唱它们的所有或部分歌曲。有些鸟类还拥有导师，以学习该唱些什么内容。导师不是它们的父亲，就是住在附近的邻居。还有些鸟类会从其他鸟类身上学习歌曲，再加上碰巧在周围响起的乐声或噪音，它们能把这两者融合成包含数百声音的多种曲目。以夜莺为例，它们的曲目单上拥有100到300首歌曲；而棕鸫则有2 000首以上。某个春天，我每天都在半夜被哀叫声惊醒，很明显是一只走失的猫在叫。我常常跑到外面去，想找到那只猫，却始终一无所获。到了最后，我偶然间在朦胧的晨光里看到一只鸟，正在模仿猫叫声。那是一只知更鸟，正在表演它的全部曲目。

长期以来，人们都觉得大多数鸟类在幼年时期就学会了它们的歌曲，伴随着年龄的增长，歌曲逐渐成型，并成为它们固定的声学特性。这种成型过程中，特定鸟类会倾向于学习本种族特有的声音，并忽略掉其他种族的声音。于是学习就被限制在一定范围内。某些鸟类——那些曲目单尤其丰富的鸟儿，还有像鹦鹉那样拥有模仿能力的鸟儿——就没有这种成型过程，并能够随时学到新的声音，但人们坚持认为，其他鸟类进入成年期之后，歌声就很少能够发生变化。

然而，新的证据显示，这种观点过于简单化。一项研究使用了高速X光摄影，结果发现斑胸草雀（珍珠鸟）能够使用喙和咽食管来调整歌曲，使之产生细微的变化，就像我们使用喉头。另一项研究显示，孟加拉雀（白腰文雀）在

独自歌唱时，会在歌曲中制造大量的变化，只有在认识雌性时，它们才会按照较为固定的版本歌唱，很像是我们在依照听众的反馈修改发言内容。一旦孟加拉雀觉察到有不对劲的地方，就会主动修改歌曲的音高。

人们利用各种方式对不同的鸟儿歌声做出了大量描述，有些用声波图完成，也就是声音的图形描述；还有些则用语言来描述叫声或者歌声（以下就是对美洲知更鸟歌声语言描述："兴高采烈，振作起来，加油"）。观鸟者们都知道，鸟类歌曲中还存在大量变化。举个例子，唐纳德·科鲁兹玛所提供的野外语音导览中提及了多种鸟类，大部分鸟类的歌曲都有好几种不同的变化。人们总是觉得这样的变化无足轻重，更像是噪声，而不是什么重要的东西。

但我们并不知道歌曲中编入了怎样的信息。许多生物学家认为，歌曲是一个独立的单元，只在表达"我想交配"，或者"我要保护领地"之类的广义内容时才有意义，叫声中并不存在大量信息。至于在个体鸟儿歌曲中发现的变化，则被归结为鸟儿在演唱常规歌曲时出现了小幅度动机波动，抑或是模仿歌曲出现了失误。

少数几位生物学家尝试将歌曲中的变化和环境改变挂上钩。我曾经在一场动物行为会议上听过与会者的发言，该会议的主题是研究一群麻雀的歌唱行为。发言者展示了大量的麻雀歌声声波图，每幅声波图与其他图谱都明显存在着细微差异。我问发言者所有图谱是否来自同一只鸟儿的歌声，得到了肯定的答案。我又问在录制歌声时是否发生过环境变化。发言者回答——很显然，他觉得很恼火，竟然会有人问这么傻的问题——他没注意到什么环境变化，而且无论如何，他并不觉得环境变化会导致歌声发生变化。而这就是问题所在：他只看到了自己想看到的东西，并没看到可能存在的东西。

不过，将变化和环境进行匹配，说不定能够让我们获悉鸟类进行信息编码的方式。这里的问题在于，我们缺少罗塞达石来破译其中的意义，也无法理解鸟儿在歌声中赋予了何种信息。

　　我在露台上放了个蜂鸟喂食器。每天早上，当我将家里的狗放出去遛弯时，就会有一只雄性安氏蜂鸟飞到喂食器旁边，并停留在附近的一根晾衣绳上。它应该不想在这个时间进食，正常情况下，它会在更早的时间来使用喂食器，也就是太阳刚刚升起的时候。但它会停留在原地，注视着我，开始唱歌。歌声非常轻柔，我必须要凑近了才能听到，但歌声中混杂着大量不同的音节，我根本就听不清楚。于是我跟它说话。我告诉它，它是一只多么美丽的鸟儿，我多么羡慕它红宝石般明亮的歌喉，我多么希望它度过美好的一天。它每听我说一小句话，就会吟唱一小段作为回复。然后我就会跟它谈些别的话题，它也会作答，直到有其他雄性安氏蜂鸟来使用喂食器，它就会嗖地一下飞走，有几次都差点儿撞到我的脑袋或者肩膀。我们互相交谈，谁也不知道对方在说些什么，但这并不妨碍我们以一场愉快的谈话来作为早上的开端。

　　人们对安氏蜂鸟（红喉蜂鸟）的歌声了解并不多，但对蓝喉蜂鸟（蓝喉宝石蜂鸟）的歌声可就熟悉多了。生活在亚利桑那州南部的蓝喉蜂鸟有两种歌声，一种由雄性演唱，另一种由雌性演唱。雄性的歌曲包括5个单元。我们把这5个单元命名为A、B、C、D和E单元。大多数歌曲会用A单元作为开端，结尾则会随机使用B、C、D或E 4个单元。C单元偶尔会被用作开端，但B、D、E 3个单元则没有这种机会。蓝喉蜂鸟的歌曲在单元组合方式上存在很多变化，但会遵守一定的句法。常见方式是联唱3个单元，又或者是依次唱出3个单元，组合形式多为ABC、BCD、CDE、DEB和EBC。联唱能够以不同的方式调整，用来加长或缩短歌曲。其余的组合方式（进行统计的话，应该有125种组合）永远不可能被演唱。跟雄性比起来，雌性蓝喉蜂鸟较少开口歌唱，它们的歌曲中存在更多变化，相对而言，也更难依照句法进行描述。

　　由于蜂鸟不是鸣禽类的鸣鸟，很少有人关注它们的发声能力。但随着更多研究的展开，它们歌声中的复杂性也逐渐显山露水。近年来，有人对墨西哥南

部的楔尾刀翅蜂鸟进行了研究，其中专门针对雄性蜂鸟的观测期就超过了4年。结果显示，所有雄性共拥有103种音节，平均每只雄性在曲目中都拥有36种音节。至于这些音节在使用时所遵循的句法，以及这些复杂的歌曲可能包含的意义，都有待我们去发现。

最棒的歌曲我都会唱

鸟类世界里也有和座头鲸类似的情况。黄尾酋长鸟生活在巴拿马西部的森林地区，靠近太平洋和巴拿马运河交汇的入口。成群的酋长鸟可以筑起好几百个巢，全部都集中在一棵树上。在繁殖季节，雌性会长期停留在巢穴附近，而雄性会为了获得靠近巢穴的机会而展开竞争，胜利者就可以跟多只雌性进行交配。每只雄性太阳鸟都能唱出五到八种歌曲，这些歌曲同种群的雄性都会唱。随着交配季节，歌曲类型会慢慢发生改变，到了第二年，有78%的歌曲都会跟前一年截然不同。有些歌曲是由其他地区迁入的雄性传授给本地雄性的，但大部分变化都是因为本地雄性改变了它们的歌曲，就像是雄性座头鲸在繁殖季节会改变歌曲。

教你们一首今年姑娘们最爱听的曲子！

同样，生活在非洲的村庄蓝鸫（靛蓝维达鸟）也会改变它们的歌曲。这些体型小巧的雀类生活在撒哈拉沙漠南部的林地和田野，尤其是靠近村庄的地方。就像是酋长鸟那样，雄性蓝鸫也会跟多只雌性进行交配。每只雄性蓝鸫大约有23首不同的歌曲，其中很多歌曲都是由邻近地区的雄性分享的。在繁殖季节内，歌曲会出现小小的差别，但到了次年的繁殖季节，歌曲会发生变化，因为有些雄性在前一个繁殖季节有更多机会接近雌性，那些不太成功的雄性就会复制成功者的歌曲。在一首歌曲内，音调和节拍都会发生变化。到了第二年，有些歌曲会彻底消失。还有些歌曲则会延续好几年。绝大多数歌曲每年都会发生一定变化，在短短5年之内，它们就会变得面目全非。不过，有些歌曲能够至少持续8年，每只雄性蓝鸫的交配期只有一年半左右，对它们来说，8年就是8代。有些歌曲会成为鸟儿歌唱文化的一部分，就像是我们依然会传唱一个世纪之前的歌曲，或者是人类五代之前的歌曲。

唱歌的蝙蝠和老鼠歌手

在美国西南部地区，夏天会经常看见墨西哥无尾蝙蝠（游离尾蝠）的身影。你能够看到它们绕着街道上下翻飞，猎食聚集在旁边的飞蛾和甲虫。它们通过回声定位来飞行和找到猎物，它们会发出高频声波脉冲，声波碰到位于飞行路线上的物体会反弹回来，传入它们的耳中。这些回声定位音波大都是超越了我们听力范围的高频声音（人类能够听到20至20 000赫兹的声音，但年龄超过20岁之后，就只能听到12 000赫兹左右的声音了，这个数字被拼写为12 kHz，或者12千赫）。但墨西哥无尾蝙蝠发出的某些回声定位音波频次较低，降至了我们的听力范围；有时候，确定身边是否有蝙蝠的唯一办法就是我们有没有听到急促的咔哒声，那就是因为回声定位音波降低了频率。

这些蝙蝠至少拥有16种不同的发音，其中一种发音是求爱歌曲。到了求偶季节，每只成年雄性蝙蝠都会划出领地，唱着歌曲来吸引异性。因为绝大部分歌曲都远高于人类的听力范围，蝙蝠的歌唱行为被忽视了很长时间，很多研究

者都把注意力集中在回声定位上。但到了现在，某些研究将触角延伸到了蝙蝠声音讯号中更广泛的领域，于是我们看到了种种令人惊叹的结论。

求爱歌曲由若干不同的音节组成，就像是我们的词语由音节组成。这些音节被整理为吱喳声、颤音和嗡嗡声。吱喳声包括A和B两种音节，A音节的声学结构相对简单，而B音节要较为复杂。将这两种音节混合在一起，就是颤音和嗡嗡声。在不同的歌曲内，音节、颤音和嗡嗡声像音符一样排列组合，节拍的不同决定了音符的听觉效果。某些音节的频次更高，也更长；而其他音节的频次更低，也更短。这些音节目前被划分为两大类，每一类在声学结构上都存在着大量的变化，我们尚不知道这些变化对蝙蝠具有多大意义。

然而，我们知道这些音节同样也出现在回声定位音波，对其他蝙蝠表达愤怒的叫声，以及看到掠食者发出的警报声中。它们的叫声就跟我们的句子差不多。我们能够利用同样的音节来发出警报，表达对人类同伴的愤怒之情，或者我们对爱人唱出心声。但不像我们自己的声音，我们尚不真正理解蝙蝠语言。

我们还知道，老鼠就像蝙蝠一样会唱歌。它们的歌声多半都是超声波，频率在20到100千赫，这是我们人类无法听见的声音，所以也被忽略掉了。一般来说，人类有种倾向，假如有些东西我们发现不了，就很难相信它们的存在。

我还记得，有天晚上我在野外研究沙居食蝗鼠的捕食习惯，这种老鼠以肉食为主，靠捕食各种昆虫、蝎子，甚至是其他小老鼠为生。当沙居食蝗鼠吃完猎物后，就会用后腿直立起来，向着天空仰起头，发出它们最低频次的尖叫声，声音大约在15千赫，非常接近我们听力的上限。当时我们有三个人，戴着夜视眼镜观察老鼠。每当有老鼠发出尖叫时，其中两个人就会往声音传来的方向望去，试图通过夜视镜来确定老鼠的位置。而第三个人的听力稍差，听不到老鼠的尖叫声。不管我们怎么努力，都无法让他相信老鼠正在尖叫。他听不见，对他而言，尖叫声就不存在。

但老鼠真的会唱歌。有人专门研究了一种实验用小鼠的歌声。当活生生的雌性小鼠出现在面前，或沾有雌性气味的棉签被放入笼子时，雄性小鼠就会开始唱歌。虽然这种小鼠的基因跟普通老鼠基本一致，但它们所唱的歌曲却具有大量变化，这就说明歌唱行为并不完全是由老鼠的基因决定的。就像是蝙蝠的歌声，老鼠的歌声也包括很多音节，音节之间有不同的时间间隔，取决于演唱歌曲的老鼠。每只老鼠都拥有属于自己的独特版本。另一项研究录制了野生老鼠（白足鼠）的超声波歌曲。老鼠的歌曲至少拥有7种不同的乐音，由不同的音节和乐句组成。

所有的歌唱行为肯定都能够调动起雌性的罗曼蒂克情怀，这跟我们的行为没有什么不同。有项研究对18至20岁的单身女性进行了调查，结果发现她们在听到歌曲中浪漫的歌词时，更有可能把电话号码交给提出请求的男性，这种几率要比歌词不够浪漫时高出很多。

))) 语言，交配和进化

求偶讯号和进化代表着积极的反馈循环。从语言的角度来看，求偶讯号显示出句法和语法的成分。你的交流手段越高明，越能够精确地表达信息，你在求偶方面的优势就越大，你的语言基因就越有可能传递给下一代。站在进化论的立场，适应性并不是你多么健壮，多么富有，或者多么强大，而是你能为下一代的基因作出多大贡献。如果你不能将信息传递给潜在伴侣，让对方了解你的男子气概，你的魅力和你的欲望，你就无法进行繁殖，不管你拥有什么基因，都会跟着你一起消亡。而另一方面，对于那些精通交流和求偶手段的人来说，他们的基因则会蓬勃发展，或者用进化论的术语来说，他们的基因会"中选"，其中尤其包括语言能力。

鉴于交配的重要性，话语系统发挥出了最优性能来帮助动物在求偶过程中获得成功。话语系统在传播基因方面越成功，它在后代身上"中选"的几率就越高。作为话语系统的一部分，激素负责影响情绪，激发行为，改变促进交配

的欲望和竞争力，而语言则负责建立信任和消除侵略性。对于寿命较长的动物来说，它们总会不再热衷于交配活动，迈入需要成功抚育后代的阶段，话语系统能让伴侣之间产生关系纽带，并始终贯穿以上两个时期。语言、交配和话语系统盘根错节，紧密相连，促使动物获得进化成功。

Chapter 7
HOW DO ANIMALS TALK

滚远点儿！

我在小时候被人欺负过。当时我读小学，教室后面有一排长长的衣橱，与房间等宽。但这个衣橱只有一个入口，里面装着外套、饭盒和孩子们带到学校去的各种杂物，一走进去，就像是步入了灯光昏暗的洞穴。我每次走进衣橱去挂外套时，同班的几个恶霸就会尾随而入，关上门，把我推倒在衣服堆里或者是地板上，以此来获得几分钟的乐趣。老师显然是不相信她的班上会发生这种事情，或者她太过于把注意力集中在其他孩子身上了，从来没对我的遭遇留过神。只要没在我身上留下什么显眼的痕迹，那他们的所作所为就算是合理的游戏，貌似规则就是这样。我忍气吞声了很长时间。跟老师抱怨压根儿没用，因为她不会采取什么实质性行动，在一次投诉之后，那几个恶霸还加倍把怨气发泄在了我身上。

　　终于，我受够这种被欺负的日子了。那时我刚刚加入了童子军，作为某个已不记得的竞赛的奖励，我得到了一把童子军小刀，有五英寸长的刀刃。我衷心为这把小刀感到骄傲，于是我带着它去了学校，准备向朋友炫耀。正在我挂外套的时候，两个恶霸从衣橱门走进来，又要拿我取乐。我毫不犹豫地掏出小刀，露出刀刃，紧紧握着刀把，站在原地，对他们露出了微笑。回想起来，我很希望自己说了几句聪明话，比如说，"放马过来呀，让我开心开心"。但我只是站着不动，紧握小刀，没有以任何方式威胁他们。

　　忽然之间，他们不觉得这种事情好玩了。小刀有着很锋利的刀刃，能够对他们造成实质性的伤害。他们不知道我是否会使用小刀当武器。坦率地说，我也不知道自己会不会用上它，但它改变了一边倒的局势。对他们来说，试探我就有可能受到伤害，这样做值得吗？掉头走开，到教室里去挑一个不会反击的人，是不是更划算呢？我们仿佛对峙了很长时间，但其实可能只有几秒钟，接着他们转过身去，跑出了衣橱。当我合上小刀走出去之后，看到那两个恶霸正忙着跟老师抱怨，说我有把刀子，想要杀死他们。上帝保佑，老师并不相信那两个家伙，就像她不相信我被人欺负一样。

我的壮举传遍了全班，从那以后，我就天天带着小刀上学了。有几个孩子很想欣赏欣赏它。大家会找机会躲进衣橱，让我打开刀刃，供同伴们一饱眼福。有孩子会问我有没有用过小刀，而我会回答"当然了"，但不会画蛇添足地说它在清理指甲下面的泥巴时是多么顺手。要是进衣橱时候恰巧碰到那几个恶霸，我需要做的就是把一只手放进口袋，微微一笑，那几个家伙会立刻四散奔逃，好像他们的生命受到了威胁。过了一阵，我就把小刀放在家里了，因为它太重了，但即使如此，只要我把手放进口袋，每个人都会以为我正在伸手掏刀子。

这件事让我见识到了攻击震慑的力量。我的微笑表示我毫不畏惧，小刀代表着能够严重威胁到攻击者的武器。我向那几个恶霸传递这样的信息：继续攻击行为，就会带来严重后果。他们并不是傻瓜，在权衡了我带来的威胁之后，认为受伤的风险太大了，不值得以身犯险去攻击我。转身离开，去找个更弱小、威胁更低的目标要相对容易些。

很多动物就是这样处理攻击讯号的。个体动物发送了挑战讯号，另一个体作出反应，要么就是挑战升级，要么就是不愿对抗。还有一个可能性，就是发出挑战或被挑战的个体直接发动攻击。

攻击是获取重要资源的潜在战略。在人类历史上，要获取土地、财富和伴侣，发动攻击是屡试不爽的方法。所有的世界历史书都充斥着战争、搏斗、政变和暗杀的故事。经济或文化竞争往往都是通过战争来解决。我们供养庞大的军队，并将大部分智慧用于开发屠杀同类方法，力求更新、更进

步。至少有一位生物学家提出，攻击行为直接推动了人类智慧的发展。甚至对个体而言，某些形式的攻击行为能够带来更好的工作、更多的金钱和赢得潜在伴侣的捷径。而另一方面，因为我们是社会动物，生活在群体之中，其他形式的攻击行为会将你送入大牢，到了那里，获取权力和财富的能力会受到严格限制。

同样，动物也能将发动攻击作为获取资源的手段。为了食物、水、领地或伴侣之类的重要资源，一只动物可以跟另一只动物搏斗，或表明搏斗意愿。它可以向对手展示自己的武器、体形或力量，对手也能根据评估来决定自己是否想要展示战斗实力，或战斗意愿。根据个体需求，两只动物都能将竞争升级为实质性的战斗。

绝大多数时间，人类靠使用语言来表明我们的攻击活动意图。在国家层面上，外交官使用语言来表达本国对其他国家行为的不满，或试图化解潜在冲突的发生。在个人层面上，我们常常使用语言来开始或避免争斗。就算我们不使用语言，对手也能解读我们的身体讯号——凝视、手势、身体姿势或呼吸频率，都能向对手传递我们参与争斗的可能性。我们置身于攻击讯号的世界中。从恶霸在操场上对孩子的口头攻击，到开车时有司机对你竖起一根中指，到每个电视频道上闪过的各种武器，再到晚间新闻上秀出的军队阵容——在我们生活的社会里，攻击意图体现在各方各面，从个人到全球。因此，很容易就能明白攻击讯号在其他物种中的作用。

电视上的每个自然频道都显示出动物在从事攻击行为——为交配权力、筑巢领地、觅食场所或统治权而战。"牙齿与利爪"的法则设定了动物的本性就是攻击，我们也不例外。无论在什么地方，资源都是有限的，不管是孩子的新背包、国界线，抑或是猎鹰的筑巢地点，都会牵涉企图威吓你交出所有物的其他个体，反之亦然。

然而，在传达攻击倾向和实际执行暴力行为之间，存在着一个十分重要，但并不总是那么明显的区别。在所有物种当中，使用攻击讯号的个体都会牢记这么一条经验：攻击的威胁如果能起到作用，要比必须越界发动物理暴力行为好得多。暴力行为——实质性的物理搏斗——极为危险，常常会让双方都付出昂贵的代价。在人类世界，操场战斗里的伤员常常需要妈妈帮忙塞住流血的鼻子，往乌青的眼睛上敷冰块；医院和急诊室用来处理更严重的伤势；律师则会帮你在法庭上讨回公道。但这些现象不可能出现在其他物种身上，对它们来说，哪怕是最轻微的打斗造成的伤害，都可能带来生命危险。

所以自然选择促进了动物行为的发展，既可以在不采取实质攻击的前提下表达攻击意图；还能有效地分出胜负，并避免双方受到严重伤害。要是你能想到这种点子，简直是天才之举。想象一下，人类战争和国际争端被其他形式的竞争代替，比如说，象棋比赛。或者是对抗性更强的方案，想象一下用足球比赛来解决国际争端，在比赛中，只涉及计划和战略；在赛场上，使用威胁、力量与速度，但不会引起严重的伤害，比分尘埃落定，但不会有人伤亡。再进一步想想，只是抖动你的羽毛就足以让入侵者放弃攻击，转身离开。使用攻击讯号避免血战，就是在其他物种中最常见的情况。

最近，我和妻子在沿着加州海岸进行自驾游。我们去了蒙特瑞半岛，并在艾丝洛玛海滩的一个高地上稍作停留。就在那时，一只蛎鹬吸引了我们的注意——那只不可思议的鸟儿跟鸽子差不多大小，身披黑色羽毛，长着长长的红色鸟喙，用来在海岸边的礁石里搜寻蛤蜊和牡蛎。

蛎鹬正在低空中兜着圈子，并不断发出"嘎嘎、嘎嘎、嘎嘎"的叫声。我们从远处看去，很快就发现它不安的源头是一只美洲鹭，那只猛禽哪里也不去，正好蹲在靠近水边的岩石上。对于秃鹭而言，这可能是个普通地方，而蛎鹬显然也这么想。好像秃鹭选中蹲守的这个地方过于靠近蛎鹬的巢穴了，但它并不愿意挪窝儿。后来我们沿着沙滩散步时，才知道其中的原因：一只死海豹的尸体被冲上了岸，这在美洲鹭眼里可是丰盛的大餐，它们最喜欢吃腐肉。

在我们的注视下，蛎鹬继续盘旋和大叫，每兜一个圈子，它都会俯冲下去，猛扑向秃鹫。每次看到蛎鹬接近，秃鹫都会做出大型鸟类的经典威胁动作：张开双翅，耸起头和肩膀，张开嘴巴——让自己的样子更具威胁性。但蛎鹬不为所动，它继续演示着"驱逐入侵者"的动作，不偏不倚地瞄准了秃鹫昂起的头。每次到了最后关头，秃鹫都会合拢双翅，低下头，任由尖叫的蛎鹬一掠而过。终于，秃鹫觉得这里不是蹲守的最好地方，于是它飞走了，蛎鹬得意洋洋地跳进了乱石间，消失在里面，也许是回到巢穴里去了。

那只蛎鹬以前见过秃鹫吗？我们不知道。大概没有。蛎鹬能够评估驱逐大型黑色鸟类有什么风险与后果吗？它能够分辨出食腐的秃鹫和食肉的老鹰吗？我们还是不知道。我们知道的就是，一只体型较小的鸟使用攻击讯号和行为赶走了一只更大的鸟，两只鸟都没有受到严重伤害。这就是攻击讯号的力量。

一项巧妙的研究展示了攻击讯号在限制暴力方面的优势。隶属夏威夷群岛的考艾岛上生活着一种滨海蟋蟀，在20世纪90年代末至2003年间，这种蟋蟀出现了变异，导致雄性蟋蟀无法发出声音。蟋蟀一边翅膀上长着刮板，另一边翅膀上长着名为锉刀的凹槽，正常情况下，它们通过摩擦双翅来发出有节奏的歌声。当雄性蟋蟀和其他雄性争夺领地时，它们就会使用歌声；它们还会利用歌声打动雌性。

在考艾岛的蟋蟀种群中，突变导致了刮刀和刮板消失，平滑的双翅无法发出声音。夏威夷大岛上的同种蟋蟀没有发生这种突变，还能发出正常的歌声。当成对的雄性蟋蟀在实验室中狭路相逢时——有些蟋蟀能够唱歌，有些则不能——如果两只蟋蟀都不能发声，它们就会发动最为暴力的攻击，互相撕咬并以头相撞。而那些能够唱歌的蟋蟀，总有一只蟋蟀会在正面遭遇时转身离开，留下赢家演唱胜利之歌。语言能够提供信息，让战斗变得不那么必要。

越高越好

在1872年出版的《人与动物的情感表达》一书中，查尔斯·达尔文谈到了

只有自信者，才能先吃，是不是这个道理？！

对立原则。这一原则的基本理念就是攻击和恐惧是对立的：它们是同一范围的两个极端，视觉讯号反映出这两端是对立关系。举个例子，假使我感到特别积极自信，我会站得又高又直，舒展开整个身体。假使我感到害怕又缺乏自信，我会在能够掌控的范围内降至最低高度，只是保持挺直。在欧洲，当平民遇见皇亲国戚时，他们会降低高度：男人鞠躬，女人行屈膝礼，这反映出王室成员拥有更高的地位和更大的权力。当我们击败对手时，常见的说法就是我们将敌人打趴在地上。

假设一条狗积极而自信。那它就会站得笔直，尾巴抬起并不住摇动，耳朵也会高高竖起。再将它跟一条心怀恐惧的狗作对比：身体蜷缩，尾巴下垂，耳朵往后倒，平贴着脑袋。这两条狗都会咬你，但却是出于不同的原因。自信的狗会咬你，也许是你拿走了它食物盘之类的资源；而心怀恐惧的狗咬你，也许仅仅是因为你离它太近了，还傻乎乎地伸出手去表示友好。达尔文认为，对立原则适用于形态各异的视觉讯号。他的书就像一个宝藏，用大量图片和描述展示了人类和动物的面部表情及身体姿势。

很多动物都会提升身体某一部位的高度，作为表示攻击的讯号。有人专门

研究过生活在华盛顿阿纳科斯特市普吉特海湾的灰翅鸥，当一只海鸥和同类进入对抗局面时，它的头部、颈部和喙都会笔直抬起，指向天空；这三个部分还能降低至同一水平位置。在对手眼中，头部抬起就是攻击倾向，这个时候对手最容易发动攻击。头部保持水平状态，跟地面平行，表示没有威胁，这个时候对手最有可能直接离开，而不是发动战斗。头部高度的上升标志着战斗意图，高度下降则标志着求和意图。每只对抗中的鸟儿都可以选择发出何种讯号，这主要取决于它们对竞争对手实力的评估。

有时候，讯号还会涉及同时抬起或低下不同的身体部位。这种组合讯号通常表示动物想要玩耍。在这种讯号中，最为典型的就是狗的邀玩动作。当一条狗想要玩耍时，它会降低前半身，伸直前腿，同时抬起屁股，频频摇尾巴。一连串讯号之后，这条狗会转个小圈子，再做一次邀玩动作。这往往会引发一场追逐，发起玩耍请求的狗会被另一条狗追着跑，之后两个参与者还会调换角色，由发起请求的狗追逐同伴。在追逐过程中，两条狗会在侵略性接触中互相撕咬，但这种撕咬有更多的假装成分在里面，并不会造成伤害。

达尔文的对立原则具有划时代意义，但也有不尽完善之处，因为这个原则只涵盖了动物讯号的极端情况，并没有将这些讯号所传递的复杂信息考虑在内。达尔文所忽略的是，身体姿势的变化和视觉讯号也是一种语言，能够让其他个体知晓某一个体的意图。每只动物都配备有大量的表情和姿势，能够根据周围环境的变化来任意选择作为回应。达尔文认为，动物的行为源于内在状态或情感，当然了，情感跟这些讯号又有着千丝万缕的联系。但我觉得事实远不止如此。

举个例子，我行走在一条漆黑的街道中，看到几个暴徒正围拢过来，我应该感到恐惧，但我的理性意志告诉我不要将这种恐惧表现出来。我可以站直身体、昂首挺胸、加快脚步、不屑一顾，表现出一副大局在握的样子。动物也是如此，它们可以在大量讯号当中进行选择。有些动物会如实表现出

自己的情绪，有些则不会。很多动物行为学家相信，动物不同于人类，无法有意识地控制行为，但目前来看，并没有足够的证据来支持或驳斥他们的主张。

我们都知道，其他动物对组合型视觉讯号尤为关注，因为讯号基本上不会只和一个身体部位的变化相关联。讯号往往牵涉到多个身体部位，这些部位会根据不同环境进行变化组合。人们会花费大量时间来扫视同类的脸，观察眼睛、鼻子、嘴巴，还会花一点点时间去看脸部轮廓。对我们而言，眼睛和眉毛，鼻孔的扩张，嘴巴的形状，都能提供完美的线索，让人了解我们在特定环境下的意图和反应。

黑猩猩也会花大量的时间扫视同类的脸。有项研究专门分析了黑猩猩和人类的扫视模式，在试验中，每只黑猩猩和每个人类都看到了三张图片——黑猩猩的躯干和脸，人类的躯干和脸，狮子的躯干和脸——人类和黑猩猩既有相似，也有不同之处。先说人类的扫视模式：看到黑猩猩的图片，人类的视线主要停留在眼睛和鼻子上；看到人类的图片，则主要停留在眼睛、鼻子和嘴巴上；看到狮子图片，则主要停留在眼睛和嘴巴上。再说黑猩猩：对于人类和黑猩猩的图片，黑猩猩主要关注的都是眼睛、嘴巴和肩膀；而对于狮子图片，黑猩猩主要关注的是眼睛和嘴巴。

狗也跟我们人类一样，非常关注视觉讯号。狗具有大量的讯号，包括使用身体姿势、耳朵的位置、嘴巴的形状，以及颈背和肩膀上的毛发。还有一个重要的讯号是尾巴的位置。但是，当狗的尾巴人为截短之后，又会发生什么事呢？其他的狗会不会受到影响？至少在美国，有超过1/3的犬种被人为截去了尾巴。这种现象对狗的肢体语言有什么影响？

这个问题很难给出科学的回答，因为很难进行相关实验。如果使用尾巴长短不一的活狗来研究这个问题，会有很多其他因素来混淆问题。除了尾巴长度之外，还有形形色色的身体气味、耳朵位置、一般身体姿势和行为的交互作用，这些因素都能左右其他狗对尾巴长度的反应。

最近，人们已经开始使用机器人来研究其他动物的行为。利用机器人，可以测试特定的事物，比如说同一条狗身上可以出现短尾巴和长尾巴，但其他条件保持不变：机器人还是同样大小，停留在相同的位置，没有混淆视听的气味，也不会有任何动作，以免靠近的动物反应受到影响。在一项研究中，科学家使用了一只跟拉布拉多巡回犬同样大小的机器狗，并分别为机器狗装上长短不一的尾巴。利用伺服器，他们可以让狗的尾巴摇动或者保持静止。他们让不拴狗链的狗接近机器狗，并录下了全过程，以此评估狗在何种条件下会毫无忌惮地接近，又在何种条件下会事先犹豫。

结果发现，机器狗的尾巴长短不一，会导致狗的接近方式出现差别。当机器狗摇动长长的尾巴时，不管是体形较大还是体形较小的狗，都会毫不犹豫地接近；而当机器狗的长尾巴静止不动时，这两种狗都会犹豫。我们从中可以推测出，摇动尾巴是通用的友善讯号，而尾巴保持静止则表示出潜在的敌意。

另一方面，体形较大和体形较小的狗似乎都很难确定短尾巴在摇动还是保持静止。因此，不管短尾巴是否在摇动，这两种狗在接近时都会保持相同的速度，这个速度比看到摇动的长尾巴时要慢，但又比看到静止的长尾巴时要快。看来狗无法分辨出短尾巴摇动和保持静止的差别，只能靠猜测来决定是否接近。因此，人为截短尾巴会扰乱狗的语言，让其他狗更难判断短尾巴的狗是心怀友善，还是暗藏敌意。

))) 蜥蜴的语法

在此之前，我说过丽纹树蜥居住在我家的外墙上。它们身长大约五英寸，体表布满棕灰色相间的花纹，为它们在树干或树枝上提供了极好的伪装。

每当我坐在书房时，都能透过窗户看到蜥蜴的举动。雄性蜥蜴具有独特的色彩特征，一般有两种模式：要么就是蓝色的腹部，下巴上有着大大的橘色斑点，咽喉部位蓝橘相间；要么就是纯橘色的下巴、咽喉和腹部。我家的墙壁

上，蓝色蜥蜴要比橘色蜥蜴更多。蓝色蜥蜴会快速摇晃头部和前腿，通过一系列类似俯卧撑的动作来互发讯号。正常状态下，会有一到两个起伏作为开场，再在随后来的几秒钟内保持静止，接着又会以极快的速度连续好几次起伏身体。两只雄性蜥蜴都会这么做，随即其中一只蜥蜴会掉头跑开。

橘色蜥蜴没这么好斗。当蓝色雄性和橘色雄性正面遭遇时，蓝色雄性会做出一连串起伏动作，而橘色雄性只是趴在原地旁观。蓝色雄性会重复先前的动作，但改变了起伏的次数。橘色雄性还是无动于衷。这个时候，蓝色雄性会上前几步，而橘色蜥蜴则掉头就跑。

在讲述交配讯号的章节中，我也谈论过灌丛刺鬣蜥的讯号。这种蜥蜴生活在美国西部的灌木和丛林地带。比起我家的丽纹树蜥，它们有着更为复杂的讯号系统，并能使用这些讯号和其他雄性进行勇猛的领土之争。除了起伏身体和摇晃脑袋，灌丛刺鬣蜥还能通过伸展一条或多条腿，弓起背部，扬起尾巴来调整信息。尖刺髭蜥也有类似的模式，这种蜥蜴体长约九英寸，居住在澳大利亚东南部。尖刺髭蜥会像灌丛刺鬣蜥一样划定地盘，其中雄性尖刺髭蜥还会向其他雄性做出复杂的讯号。最初，雄性尖刺髭蜥会依次做出五个身体姿势：甩尾巴，往后挥爪，往前挥爪，起伏身体，摇动身体。其后的动作就不固定了，摇动身体之后可以是起伏身体，也可以是往后挥爪，又或者是甩尾巴，具体取决于蜥蜴想要怎样表达它的攻击意图。整个过程就像是在看一场精心编排的舞蹈。

虽然起伏身体，弓起背部，扬起尾巴，挥舞爪子这些动作能够被认定为达尔文对立原则的一部分，但其中包含的信息要比单单抬起或降低身体部位复杂多了。以独特的顺序做出某些动作，不同的动作之中还有特定的时间间隔，目的正是传递信息。除此之外，动作还能够根据环境进行调整。这也就是说，讯号组合的方式存在着语法。

))) 声 音

动物有能力在大量讯号中进行选择，作为对环境的回应，这种理论也适用于它们在碰到对手或敌人时所发出的声音。根据达尔文的理论，在对抗遭遇中，动物发出的声音有可能是被单纯的恐惧或攻击动机所激发。其他研究者也赞成这一观点。

史密斯学会的尤金·莫顿提出了动机结构功能规则（Motivation Structure Function Rules，简称MSFR），对达尔文原则在声音方面的应用进行了再次系统论述。莫顿提出，低声咆哮这类低频声音代表着攻击威胁；而尖声哀鸣之类的高频声音代表着恐惧。根据MSFR，其他声音都能在攻击和恐惧之间找到对应点。所以根据这一假设，土拨鼠的示警叫声既拥有低频叫声，也拥有高频叫声，声波结构呈倒V形状，就应该是攻击（土拨鼠痛恨掠食者破坏了它们这一天的生活）和恐惧（土拨鼠害怕掠食者）的混合体。最终观点——低频和高频——也许有根有据，但我们都知道，不管是MSFR，还是达尔文的对立原则，这两种观点都无法全面地阐述声音中蕴含的信息。

我们的声音在低沉时听起来更具威胁性，对人类和动物都是如此。我在为训狗班上课时，会让学生用声音来加强他们教授给狗的行为。我发现，虽然响片在训狗圈里是流行的工具（当狗按照你的意愿做出行动时，你就用响片发出咔哒一声，强化该行动在狗的大脑中的印象），但大部分人很快就会弄丢响片。我建议人们跟自己的狗多说话，因为大家的声音是丢不了的。在狗举止错误时，我教人们用强而有力、具有权威性的声音说"不！"；而在狗因为行为正确应该受到表扬时，就用轻快上扬的声音说"好狗狗！"。低沉的声音模仿了狗向同类发出的警告咆哮，会让狗停下正在进行的动作，看向主人，等待进一步指示。而用高音发出的表扬模仿了狗妈妈对幼崽发出的呜呜声，会让狗受到鼓舞和激励，继续正在进行的动作。

然而，我们也碰到了问题，就是让男士用尖锐的声音说"好狗狗！"，

让女士用低沉的声音说"不！"。男士通常会以介于咆哮和怒吼之间的声音说出"好狗狗！"，而女士通常会用尖细的声音说出"不！"。在我的课堂上，我会强迫大家压低或提高声音，互相练习说"不！"和"好狗狗！"这两个指令。我向学员们展示了用不同于吼叫的声音说出"好狗狗！"有多么困难，为了提高音调，我把手放在喉结上，直到找准了音调。后来我们又花了十分钟进行练习，互相说"不！"和"好狗狗！"在我的指导下，男士们学会了提高音调来说"好狗狗！"，女士们学会了降低声音，成功地说出了强而有力的"不！"不止一次地，在我们做完这个练习后，总会有几位女士跑过来跟我说："我家的狗总是很听我丈夫的话，但从来不听我的话，现在我知道为什么了。"

不管对男性还是女性来说，低沉的声音总是更显优势。男人会觉得声音低沉的女性更具权威性，但不一定有吸引力。在一项试验中，波兰妇女发出了一连串的声音，实验确定了女性声音的基础频率（叫作基频）。随后实验人员向男性和女性播放了原音的录音，让他们来评价每个声音的权威性和吸引力。男性和女性一致认为，声音低沉的女性更有权威性，但男性觉得声音尖锐的女性要比声音低沉的女性更有吸引力。不过，男性评判员认为音调过高的声音并非是魅力的象征，大概是因为尖细的声音很像是小孩或婴儿发出来的。

相反，女性更喜欢男性的声音低沉一点，她们觉得这是威严和男子气概的象征。低沉的声音甚至在美国的总统辩论中发挥了作用。在1960至2000年间的辩论当中，具有较低基本频率的人频频赢得大选，只有一个例外，就是2000年的选举当中，声音较低沉的戈尔赢得了普选，但最后还是布什赢得了选举团投票。

吼叫的麋鹿，咆哮的鹿，尖叫的浣熊

在美国西部的落基山脉地区，每年秋天都能听到雄性麋鹿在黄昏前后发

听声音,这哥们儿要与我决一死战啊!

出吼叫。开始你会听到一声低沉可怕的长鸣,紧跟着又是一连串或三到四声短音,就像是有人用玻璃在刮擦混凝土。我的一个研究生刚刚从东海岸搬过来,在某个漆黑的夜晚,他第一次在山区听到了这种叫声,结果被吓得晕头转向。后来他说,他觉得这种声音就像是女妖或者小鬼在哀嚎着期盼夜晚到来。我先向他保证,亚利桑那州北部山区并没有女妖和小妖精出没;然后才告诉他,他听到的是雄性麋鹿(加拿大马鹿)的攻击叫声,目的是向其他雄性和碰巧出现在附近的雌性宣告自己的存在。在初次听到时,确实很恐怖。

虽然赤鹿(欧洲马鹿)和麋鹿的体型及外形都很相像,而且在很长时间内都被人们当成了同一种动物,但这两种鹿的叫声却截然不同。赤鹿分布在欧洲、西亚和北非地区。雄性赤鹿会用咆哮声向其他雄性宣告自己的勇猛,它们会在繁殖季节发出这种叫声,来捍卫属于自己的雌性赤鹿。根据对手的体型大小,雄性赤鹿还能调整咆哮声的基本音高。在面对体型较大的对手时,它们会使咆哮声变得更为低沉。这种咆哮声的基本音高变化很有可能是在向挑战者传递信息,表明雄性为保护妻妾而战的决心和能力。

长鼻浣熊(白鼻浣熊)的音域要更加宽广,所以它们发出的声音要更为尖锐或低沉。它们是浣熊的亲戚,也是我最喜欢的动物之一。这些动物长着长鼻子，毛绒绒的长尾巴，以地面或树枝为家。当它们在地面搜寻食物时，会伸出脑袋和长着白色尖端的鼻子，尾巴笔直在身后竖起，模样活像是长了腿的胖鱼雷。长鼻浣熊也是群居动物，它们生活在中美洲和美国西南部，会以小群体为单位进行迁移。它们就像麋鹿一样，在攻击状况下会使用一种叫声，在较为友好的社交场合则使用另一种叫声。攻击叫声听起来类似于"嘎嘎"，由好几种低频范围内的和声频率组成。另一种叫声听起来就像是"吱吱"，由较高频段的声音组成。"吱吱"声拥有更多变化，也许编入了大量需要在社交场合表达的意思；而"嘎嘎"声变化较少，也许只编入了一种意思，就是"别烦我"。

上述每种动物都拥有攻击叫声，并且比那些较为友好的叫声要更为低沉，这说明达尔文的对立原则（和动机结构功能规则）都适用于这些叫声；但与此同时，这些叫声极为复杂，单用MSFR是无法解释的。攻击叫声通常含有大量的和声，每种声音都有细微的变化，因此我们仍然无法解读可能包含在其中的信息。

小提琴的琴弦震颤时，和声只是基础频率振动的多次重复；攻击叫声则不同，其中的和声包括了频率的提高和降低，由发出叫声的动物调整喉部来完成，这些和声也被我们推测为话语系统。这些调整很有可能包括了更多的特定信息，表明了动物发出声音的意图。但我们仍不具备解读信息的能力，也无法将频率调整中的变化和攻击环境的细微改变联系起来。

))) 别惹大叫的狗

如果你想让房子免受小偷的骚扰，最节约成本的方法就是养一只会叫的狗来报警。这种设备能够感应到门或窗户外的动静，并发出凶猛的叫声作为回应，像德国牧羊犬之类的大型守卫犬都能起到这种作用。虽然我还没看到任何研究指出养狗防贼的有效性，但非正式地说，它们应该能够吓走一部分小偷，那些人不是怕大狗，就是不想费力对付它们，转而去打劫那些容易闯入的其他

房子。狗叫录音都刻意选择了低沉的声音。我们只能假设小偷都不会被博美或吉娃娃发出的尖叫声吓跑，虽然这两种狗也肯定能像德国牧羊犬那样咬住小偷的脚踝。

就像是汪汪大叫声，由狗发出的低沉咆哮也会被人们视为更大的威胁。有项研究专门调查了人们是否能够鉴别出更为凶猛的声音。实验员走进狗棚里，盯着狗的眼睛看，并带着麦克风接近它们，以这种方式录下了30条狗的咆哮声。接着他们分析了每条狗咆哮的基本音高（也叫作基本频率）和音能在叫声中的分布。大型犬有着较长的音道，能够发出基本频率较低的声音，这解释了人们在听到狗叫声时，为什么会认为基本频率的较低的声音来自于体型较大、较为凶猛的狗。

跟我们不同，狗能够听出不同咆哮声的细微差别。人类对此并不擅长。实验员为人们播放了不同的狗叫声，并询问他们哪些叫声表示攻击，哪些叫声表示想要玩耍，大家都很难将其区分开来。狗则没有这种问题。有项研究使用了41种不同的狗来进行测试，看它们能否分辨出同类在以下几种情况下发出的叫声：有另一只狗接近了食物，有陌生人接近，有狗做出邀玩动作。

实验员是这样设定实验的：他们在房间的地板上留下一根骨头，并允许参与实验的狗接近骨头。当狗的鼻子靠近骨头时，实验员就会播放护食咆哮、威胁陌生人咆哮或邀玩咆哮，这些叫声都是事先在真实情境下录制好的。

结果令人震惊。当播放护食咆哮时，12条实验狗中有11条都离开了骨头。将这个数据跟其他咆哮声作对比：在听到威胁陌生人咆哮时，12条实验狗中只有两条狗离开了骨头；而在听到邀玩咆哮时，只有4条狗离开。在基本频率和共振峰方面，这三种咆哮声拥有不同的声学特性，护食咆哮和威胁陌生人咆哮要比邀玩咆哮更为低沉。显而易见，狗能够理解各种咆哮声的意义。

说到犬科家族的其他成员，例如狼和狐狸，我们对其叫声和咆哮声中所包含的信息知之甚少。有一次，我在加州北海岸进行研究工作，并租了一栋临海的房子来度过夏天。房子建在陡峭的山坡上，后面紧靠着山，前面被高高的架

子撑起，这是典型的加州样式，完全无视地震会摇断架子，让整栋房子轰然倒塌。房子前面离地约有20英尺高，有扇门直通狭窄的露台。从露台上望去，壮观的海洋一览无余。

某个雾气迷蒙的夜晚，我在半夜时分听到前门的露台上传来一阵急促的叫声。这种声音不像是狗叫，因为听起来更为雄浑凶悍。我的想象力适时地作出提醒，告诉我这是巴斯科维尔猎犬，刚刚从夜间的荒野狩猎回来。我拿起了手电筒，谨慎地把门打开一条缝，往外看去。蹲在外面的家伙就像是只宠物狗，原来是只灰狐！我来提醒你一下，这只狐狸蹲在狭窄的露台上，离地20英尺高，面对着前门，至少在我的想象中，它显然是在求我放它进来。狂犬病的念头在我脑海中一闪而过，我飞快地关上了门，让狐狸蹲在原地，嚎叫了好几个小时。我在那栋房子居住期间，这种事情变成了夜间惯例。那只狐狸会在半夜现身，叫上几个小时，然后消失不见。我常常在想，要是我把它放进来，又会发生什么事呢？也许它只是很想睡在一张温暖的床上，来度过寒冷多雾的海滨之夜。（巴斯科维尔猎犬：福尔摩斯小说中的恐怖怪兽——译者注）

另一种名为敏狐（草原狐）的狐狸会在领地边缘发出叫声，来向其他狐狸宣告这块地方被占领了。敏狐生活在土拨鼠聚集的地区，由一夫一妻组成家族群落，狐狸爸爸、妈妈和孩子都居住在被扩大的土拨鼠洞穴里。这种动物体形很小，成年狐狸比家猫大不了多少。当时我们身处新墨西哥州北部，英国广播公司前来拍摄我对土拨鼠的研究工作，我也因此有幸看到了一个敏狐家族。在工作过程中，有个摄影师发现了一窝狐狸，所有人都爬到了小丘顶上，通过望远镜远远地观察它们。我发现敏狐的动作确实极为敏捷，也许它们的名字就是由此而来。敏狐宝宝在跑来跑去地互相追逐，在我看来，它们简直能让灰狗筋疲力尽。它们似乎能够从蹲着不动直接进入高速奔跑状态，它们会跳到玩伴身上，在泥土里打滚，而敏狐妈妈会耐心地蹲在旁边，等待孩子们安静下来，这样它就能外出猎捕土拨鼠作为晚餐。不时地，敏狐妈妈和敏

狐爸爸都会走到离巢穴很远的地方发出长啸，让其他狐狸知道它们对这块领地的所有权。

愤怒的蝙蝠和猴子

很多人害怕蝙蝠。在我的动物行为课堂上，我总是尽可能多地引入活生生的动物，让我的学生看到能呼吸、会动的东西，比单纯听我讲述要好多了。有一次，我获得了引入蝙蝠的机会。我的一个研究生在实验室里用笼子养了几只墨西哥无尾蝙蝠（游离尾蝠），他同意带一只活蝙蝠来课堂上，并跟大家谈谈蝙蝠的行为。那个时候，大学委员会的各项保障措施和许可还没有对管理动物给出细节性的严格规定，于是我跟他进行了核实，确保我们两个人都很清楚应该怎样向学生展示。在带蝙蝠进来之前，我重申了一遍我的规则。无论如何他都不能放手，或者让除了他之外的其他人拿着蝙蝠。想象一下教室里的画面：一个两层楼高的大礼堂里，坐着大约150个人，前面最矮的地方是讲台，座位往后依次排开，越来越高，一直到位于第二层的出口。开始上课了，他拿出蝙蝠，在同学们面前高高举起，蝙蝠轻轻舒展开了翅膀。他花了几分钟谈论蝙蝠的生物学和行为知识，然后问大家有没有问题。

问题简直是层出不穷：学生们对蝙蝠的生活几乎一无所知，很有兴趣借此机会了解一番。最后，一个学生问道："它们是怎么飞的？"研究生把我们事先谈过的规则抛到了九霄云外，竟然回答说："看着，我给你示范示范。"接着顺手把蝙蝠扔到了半空中。蝙蝠飞了起来，但它被头顶上的灯光给弄糊涂了；它先是朝天花板飞去，又俯冲向坐在座位上的学生，从他们头顶上低低掠过。尖叫声此起彼伏。有大约5分钟的样子，蝙蝠不断地俯冲向人群，每个人都试图躲在椅子下面。终于，要么是运气，要么是偶然，蝙蝠落在了研究生关它的笼子上面，再一次做了俘虏。后来，很多学生告诉我说，这是一次非常恐怖的经历，即使蝙蝠落在他们身上的几率微乎其微，他们却总有种很不靠谱的想法，觉得蝙蝠会对自己发动攻击。

其实蝙蝠很少攻击人，也很少互相攻击。时至今日，我们发现至少有部分蝙蝠具有丰富的交流系统，能让它们知晓彼此的攻击意图。其中一种就是生活在东南亚地区的印度假吸血蝠（大假吸血蝠）。这种蝙蝠体形很大，靠捕食蜥蜴、小鸟、老鼠、田鼠、大型昆虫、青蛙和鱼类为生；它们会猛扑下去，从地面或水面抓起猎物。印度假吸血蝠栖息在山洞或矿井里，当它们在栖息地互相交流时，会在不同的对抗环境下发出各种各样的叫声。

当一只蝙蝠靠近另一只蝙蝠时，被靠近的蝙蝠会张开嘴巴，抬起双翅，发出一连串高分贝的咔哒声和颤音。主动靠近的蝙蝠也会以叫声作为回复，叫声中含有大量和声，并具有复杂的声学结构。一旦受到攻击，主动靠近的蝙蝠就会发出声学结构更为复杂的声音，而发动攻击的蝙蝠也会以同等复杂的声音作答。这些蝙蝠具有结构复杂的叫声，足以应付至少两种不同的对抗环境。

在不同的敌意环境下，猕猴甚至拥有更为复杂的叫声。有人对波多黎各卡约·圣地亚哥岛生活的猕猴进行了研究，结果显示这些动物能够用五种不同的尖叫声来应对对抗环境。这五种尖叫声分别是："聒噪"、"拱形"、"平仄"、"震荡"和"波状"。每种类型的尖叫都以实际的听觉效果而得名，任意一种叫声都能被进行攻击性互动的动物多次重复。

这些叫声分别适用于不同的情境。群体中地位较低的成员跟地位较高的成员正面遭遇时，最容易发出"聒噪"尖叫声，猴子之间发生肢体接触时也最容易选择这种叫声。地位较低的猴子跟地位较高的猴子发生争执，但没有肢体接触时，会发出"波状"尖叫声。地位较高的猴子和地位较低的猴子对峙时，会发出"拱形"尖叫声。而猴子在跟亲戚争吵时，最容易发出"平仄"和"震荡"尖叫声。尖叫声代表着具体语义的词语，传达了猴子的意图信息。

并不是所有猴子的叫声都一模一样。我们可能会以为，亲缘关系密切的猴子在同样的情境下会发出相同的叫声，但事实并非如此。豚尾猴（平顶猴）是

猕猴的近亲，它们栖息在西南亚地区，包括印度和中国的部分地区。这种猴子跟猕猴一样，在以下情况下会发出叫声：出现肢体接触时会发出尖叫声，高等级和低等级成员争论时会发出大叫声，亲戚发生争吵时也会发出大叫声。但叫声的声学特性跟猕猴截然不同。跟猕猴的叫声相比，它们的尖叫声具有更高峰值的频率，更大的频宽，更多的和声。其他叫声也在声学结构上存在着差异。实际上，将四种亲缘关系密切的猴子进行比较，结果发现每种猴子的叫声结构都各不相同。

我们要谈到的底线有两个标准。第一，动机结构功能规则不会对任何声音作出预测，因为没有一种声音是纯粹的低频音。第二，每种生物都拥有自己的语言，即使是两种亲缘关系密切的生物；一种猕猴很有可能并不理解其他三种猕猴的尖叫声。

))) 鸟类的语法

就像哺乳动物一样，很多种类的鸟儿也拥有可以在对抗环境下使用的叫声。当鸟儿正面对峙时，领土争端常常会涉及尖叫声和吱吱声。在此类潜在冲突发生之前，很多鸟儿都会用歌唱来宣告它们的领土所有权。作为大自然的著名歌唱家，鸟儿拥有不计其数的歌曲、叫声和次声，其中次声被研究者们称为幽歌。

这些歌曲、尖叫、啁啾和吱喳声，仅仅是随机的声音，还是鸟儿对内在情绪的表达？对另外一只鸟儿感到愤怒？还是渴望大战一场？尽管有数以千计的研究在关注鸟鸣声的通用功能，我们对这些声音在特定环境中所表达信息的认识仍非常表面。

有件事情十分清楚：鸟类的叫声似乎不受到达尔文对立原则和动机结构功能规则的限制。不管是日常鸟鸣声，还是特定环境下的攻击叫声，都拥有大量不同的音调和音频变化，因此，在看到攻击音的声波图时，我们根本看不到类似低频纯音的东西。相反，我们会看到频率发生了多次上升和下降，表明在这

样的叫声和歌声中编入了大量的信息。

某些鸟鸣声极为复杂，导致人们仍在梳理其中所蕴含的意义，但幸运的是，对于山雀和蜂鸟的研究成功显示了信息是如何被编入攻击叫声中的。

黑顶山雀（大山雀）是一种体形较小的鸣禽，生活在美国北半部和加拿大的大部分地区。它们通常大量聚集在在灌木丛和树林附近。这种鸟儿拥有多种不同的叫声，其中一种叫作"咕噜"。这个名字还真是误称。山雀的"咕噜"叫声并像不是人们在清嗓子或者用漱口水漱口的声音，而是一系列近乎于口哨的尖锐音节，被压缩进了半秒钟内。跟人们听到这个名字所联想到的"咕噜咕噜-咕噜"声比起来，山雀的叫声实在是悦耳多了。

"咕噜"叫声主要是在对抗性互动中使用。当两只鸟儿在喂食器之类的地方近距离遭遇时，就会发出这种叫声。认为自己占优势地位的鸟儿会发出"咕噜"叫声，而落在下风的鸟儿就会保持沉默，让位给强者。跟很多讯号的情况一样，"咕噜"叫声有时也伴随着视觉讯号：抬起一只翅膀，抖动羽毛，或者用喙做出动作。

人类会在向对手怒吼的同时使用肢体语言，比如说摇晃拳头，或伸出中指；山雀也不例外，它们也会在发出一连串"咕噜"叫声的同时给出能够说明意图的视觉线索。有研究证明，不配上发出叫声的鸟儿的视频图像，单独将"咕噜"叫声播放给笼子里的鸟儿听，就无法有效地诱发回应。

乍一看来，"叫声图像"貌似没什么影响，但联系具体情境去考虑就明白了。设想一下，你听到一个陌生人在录音里对着你大叫："我恨你！"没什么了不起的，对吧？这个人为什么要大叫呢？没人知道。也没人想去关心。现在再设想一下，你打开前门，外面不远处站着一个陌生人，他对着你大叫："我恨你！"同时还挥舞着两条胳膊。你应该对第二种情况有着强烈的反应，同样，山雀在看到同类的视频图像时，才会对"咕噜"叫声有更强烈的反应。

"咕噜"叫声是一种十分复杂的声音。它包含了高达13种不同的音符，

音符的排列遵循一定的句法或适当顺序。其中有些音符会以群组形式出现，就像是我们某个词语中的字母是以群组方式出现的：例如，"gargle（咕噜）"。现在我们已经确认了9个同类型的群组。

其他音符要么是在群组之前出现（就像是词语前面的前缀），要么跟随在群组之后出现（在这里想想后缀）。目前，已经确认了84种不同的"咕噜"叫声。每只鸟儿都有一整套各种各样的"咕噜"叫声。在对抗遭遇中，占主导地位的鸟儿常常会发出一到两种不同的"咕噜"声，这往往会让处于从属地位的鸟儿让出在喂食器前的位置。如果这招不管用，占主导地位的鸟儿就会发出多种不同的"咕噜"声，总共能够接连发出16种不同的叫声。这足以让处于从属地位的鸟儿明白，还是让开为妙。

这项研究有个有趣的地方，就是我们能清楚地看到，不仅小鸟的声音具备结构和功能，而且发出叫声的小鸟还能评估发出的信息是否充分地得到了传达，并会对自己的行为作出适当的调整。假如某个特定的"咕噜"叫声无法有效地吓跑入侵者，那它就面临多个选择：放弃、攻击，或者通过逐步增强叫声的复杂程度，来提升交流的力量，这应该是最好的选择。很显然，这并不完全是下意识的、刺激反应的模式。

另一种娇小的鸟儿——安氏蜂鸟——也可以发出各种复杂的攻击性叫声。我的窗户外面，一只雄性安氏蜂鸟占领了我们的一个糖水喂食器，并宣告了其所有权。为了守卫喂食器，它成天蹲在附近的晾衣绳上，或者是附近的树枝上。每当喂食器干涸，而我和妻子又没注意到的时候，它就会飞到窗户边上，悬停在半空中，张开尾巴，上下摆动。

万一这个举动不起作用（我投入写作时，就不太关注别的东西），它就会回到晾衣绳上，耐心地等待几分钟，然后再回到窗前展示悬停动作。如此这般地重复好几次，直到我留意到它的举动，并且产生负罪感。到了这个阶段，我往往站起身来，往喂食器里灌满糖水。

偶尔也会有外来的蜂鸟飞到这个喂食器前面，显然没有注意到这里有常驻

的守卫。我家那只蜂鸟会立即飞到离入侵者几英尺远的地方，悬停在半空中，展开尾巴，发出一连串类似于高频尖叫的声音。悬停动作和展开尾巴的动作就跟它在窗前敦促我添加食物的动作一样，所以我猜想它当时是在对我发脾气，怪我没保证喂食器的供应充足。不过它没对我大喊大叫，看来我应该感谢它给我的小小恩惠。

　　我的喂食器偶尔还会迎来黑颏北蜂鸟这样的不速之客。雄性和雌性黑颏北蜂鸟都能够唱出复杂的攻击性歌曲，这些歌曲不但具有句法，彼此之间还存在着巨大的差异。歌曲中包括五种不同的音符，分别命名为C调、Z调、S调、T调和E调。C调是种非常短的音符，带有4个和音。Z调S调都是持续时间较长的颤音，但声频各不相同。T调是爆裂音，E调也是带有4个和音的简短音符，但声频分布跟C调南辕北辙。这5种音符都能以不同的方式重新组合。某些声音从Z调开始，接着是S调，T调和E调紧随其后，再来一个S调和T调收尾。其他声音一开始是C调，之后是S调和T调组合而成的单音单元，以T调和E调收尾。蜂鸟的叫声拥有高达18种音符，包含着形形色色的组合。C调或S调通常被用来开头，而E调通常被用来收尾。

　　这些歌曲拥有语言特有的开放性，在这里，开放性的意思就是各种类型的叫声能以不同的方式重新组合。举个例子，我们能够使用英语中的元音和辅

音来组合成大约500 000个单词，也就是已知现存的单词数量；或者大约10 000个单词，也就是高中毕业生能够认识的单词数量。我们还不知道蜂鸟的叫声在何种特定情境下使用，但表面上看来，有些叫声传递了信息，表达了鸟儿的两种意图：要么就发动攻击，并逐步增强对抗性行为的意图；要么就避免冲突升级，并从实质性的战斗中撤离。

除了捍卫领地所唱的歌曲，有些鸟儿还能够从事另外两种歌唱行为，用来预报攻击行为的可能性：低幅歌曲和频率匹配。低幅歌曲也被称为"柔歌"或者"幽歌"，因为它们的确不够响亮。它们的功能就相当于我咕哝着对你说，"你死定了"。当然了，你必须要离我很近才能听到。至于频率匹配，同种类的个体鸟儿能够以较高或较低的频率唱歌，就像是我们每个人都拥有独特的嗓音。而拥有领地的鸟儿会改变歌曲的频率，去匹配入侵者的频率。就像你用自己的嗓音说，"你好啊，"而我也会用跟你一模一样的声音回答，"你好啊，"这就是频率匹配的一个实例。雄性沼泽麻雀会在对另一只雄性发动攻击之前唱出低幅歌曲。然而，这种消息还需要配合一些肢体语言。当它们唱低幅歌曲时，它们也会抬起并扇动一只或两只翅膀，就跟我们在说话时会不由自主地使用肢体语言。沼泽麻雀的近亲北美歌雀（歌带鹀）也会将低幅歌曲作为攻击预报。黑顶山雀则会在发动攻击前使用频率匹配这个招数。

))) 有什么好处？

动物的攻击讯号是有规律可循的，并且这个规律能够被达尔文和莫顿的原则所解释。站得笔直的人比没精打采的人要更受尊重。咆哮的动物也要比哀鸣的动物更让我们感到害怕。

一天晚上，我徒步穿越南亚利桑那州的沙漠。很多人会觉得沙漠就是无穷无尽的沙丘，没有植物，就像是撒哈拉沙漠里的场景。但南亚利桑那州的沙漠却并非如此。那里生长着巨大的牧豆树和铁木，树形仙人掌足有20英尺高。每隔几英尺，就能看到灌木或者一年生植物。环顾四周，你会发现视线所及之处都是绿色。沙丘反而非常少见。到了夜间，这片沙漠就会迸发出勃勃生机。狼蛛、蝎子、蜈蚣、各种各样的甲虫、乱七八糟的飞虫，还有蛇、老鼠、兔子、狐狸、土狼、山猫，以及偶尔现身的美洲狮。当我走过一丛巨大的灌木时，从灌木后面或里面传来了深沉的咆哮。我马上跳到了几英尺开外，飞快地逃走了。我没有停下脚步去看发出咆哮声的是什么东西。单是听到叫声就足以知道有动物对我很不爽了，要是我还在附近逗留，那只动物说不定会发动攻击，过来咬我。

而这正是问题的关键所在。肢体位置和声音频率能够完美地编入情感信息，比如愤怒、恐惧或欢乐，但身体姿势和声音中包含了更多信息。鸟儿扇动翅膀，狗狗摇晃尾巴，我们歪歪嘴巴来表示轻蔑，这些讯号常常在可预计的顺序或句法中使用。当我们看到关系密切的物种所发出的讯号，例如猕猴，通用语言的可能性和希望就烟消云散了。每个物种似乎都有独特的语言，虽然关系密切的物种拥有相近但并不完全相同的语言。情感也许是隐藏在某些讯号背后的潜在因素，但显而易见，只看到情感是不够的。我们需要看到讯号和丰富的语言结合在一起，而语言又蕴含着和每个物种相关的信息。

攻击交流具有很多优势。从语言学的角度来说，它允许动物表达自己的意图。它们是要战斗，还是撤退？它们投入战斗的意愿有多强烈？这种交流明显并不只是情感的反应形式。有很多信息都是通过视觉和听觉讯号，以符号形式来传达，这两种讯号都具有丰富的资源，动物能够随时使用，来表达其意图和思想。符号可以根据情境发生变化，动物也能够根据情境来制造讯号。

话语系统解释了参与讯号制造的一连串事件。想想看，一只雄性麋鹿对着其他雄性吼出挑战性警告。在此之前，雄性荷尔蒙让它斗志昂扬，甘愿冒着受伤的危险去挑战其他雄性；甘愿与其他雄性一争高下，只为获得雌性的青睐。它的眼睛、耳朵和鼻子都全力关注着其他雄性的动向、声音和气味。它的

身体姿势也发生了变化：腿更加僵硬；身体更加挺拔；脑袋高高昂起，目的是凸显出鹿角。它从肺部爆发出进攻性的挑战吼声，直传出一英里开外，也浪费了本可以在其他生理过程中使用的精力。一旦遇到对手，它的大脑就会决定接受挑战还是撤退。但在对抗性最强的正面遭遇中，其核心并不是肢体搏斗，而是由讯号传递出的信息。最有可能的结果就是通过变换战斗意图讯号来击败对手，不用进行任何肢体接触就让对手知难而退。战斗会带来伤害，伤害往往会导致死亡。自然选择塑造了话语系统，让动物具备了宣告战斗力量和意愿的必备能力；与此同时，也最大幅度地降低了会造成伤害的战斗必然性。

Chapter 8

HOW DO ANIMALS TALK

迎来送往说什么

每当我带着家里的狗去附近公园散步时，常常会碰到其他的狗，每只狗都由主人用皮带牵着。一般情况下，这种邂逅发生在我们在先前所说的步行中途，我会对狗主人说句你好，停下来聊上几分钟，而两只狗也会趁机打个招呼。我的狗和另外那只狗会摇着尾巴互相靠近，叫上一两声，嗅闻对方的鼻子，再转而嗅嗅对方的屁股，假如它们都是雄性（我的狗是雄性），还会嗅闻对方的生殖器官。

　　我和狗主人的问候就斯文多了。我会面露微笑，有时候会抬起右手摇一摇，如果我跟另外那个人比较熟悉，我们靠近的时候就会伸出双手相握。在这两种场景中，我的狗与我都经历了群居动物需要履行的一个过程：和其他个体打招呼，并辨识他们的身份。我记得另外那个人的名字，说不定两只狗也知晓了对方的名字，通过它们的化学气味概况、叫声和外形。

　　我的猜测是，动物话语系统的首要作用之一就是识别和问候。在荒野中相遇的动物不得不迅速判断出对方是友是敌——抑或是潜在伴侣，它们正在靠近谁，或者谁正在靠近它们。交流迅速变成了达成此目的的有效途径，某些讯号逐步进化，能够缓和动物之间的紧张局势，并传达和平意图。

　　在群居动物当中，来自同一家族或群体的成员应该开发出了专属的问候仪式，仪式本身有几分像是秘密的握手，掌握仪式的个体一碰到对方，就会立刻知道它们是否来自同一群体。时至今天，我们人类还拥有此类仪式，因不同文化而各有差异。

举个例子吧，摩洛哥有很多煞费苦心的社交礼仪，甚至会用到简单的物品，要是你在仪式中表现不佳，就会被视为"异类"，也会被人区别对待。摩洛哥的菲斯市以艺术品和手工艺品而闻名，我和妻子前往那里参观时，碰到了一位年轻的博士朋友，他是摩洛哥本地人。我们告诉他，我们想买一张小地毯，于是他带我们去了老城区的一家店铺，那个地区是露天市场，或者说集市。

我们走进店铺，并说了事先学会的问候语，"Salaam aleikum（你好）。"售货员给出了正常的反应，邀请我们坐下。让我们吃惊的是，我们有好长时间没做跟购物相关的事情。相反，售货员倒上了香甜的薄荷茶，我们小口啜饮着茶水，闲聊（我们的朋友充当翻译）起了日常琐事，比如说我们的旅行，我们喜不喜欢摩洛哥等。在社交方面必须花费的时间结束后，实质性的购物开始了。美丽的地毯被取了出来，我们把选择范围缩小为几块最喜欢的地毯，我和妻子被彻底摒除在外，谈话已经转为用纯粹的阿拉伯语讨价还价。令人难以置信的3个小时过去了，我们筋疲力尽地走出了店铺，非常感谢我们的朋友，他用很棒的价格帮我们买到了一块精美的手工编织地毯。假使我们闯入店铺，以典型的美国游客风格去购物，我们永远都不会赢得这场交易，绝对是。

动物也拥有问候仪式和社交讯号。我的妻子尤其擅长识别这点。比如说，她说自己学会了几个"猫族"的问候讯号。其中一个讯号是一声"喵呜"，以上扬的音节收尾，就像是有人在问问题。另一个讯号是脑袋碰触，她会低下头，用朝上的太阳穴对准猫的侧脸，正好是某一只耳朵下方的位置。跟俯下身体拍拍猫相比，这个动作似乎更具有入侵性，但是她相信这个动作是合适的问候行为。

妻子用这些动作来测试了她朋友家的猫，那只猫叫"豆子先生"。豆子先生是一只脾气暴躁的猫，它很喜欢自己的主人，但它的表现又十分刻薄，它会猛挥伸出的利爪来终结一场爱抚行动。虽然豆子先生过着令人羡慕的生活，但它常常愁眉苦脸，除了主人之外，它几乎讨厌所有人。企图爱抚它的客人往往

会得到嘶嘶的咆哮声。它喜欢在款待客人的地方徘徊，用焦躁不安来暗示人们"快点儿滚吧"！

妻子对豆子先生的恶名早有耳闻，她决心争取那只猫的芳心。最初几次去那位朋友家的时候，她都用温柔的语气对豆子先生大肆夸奖，一开始，豆子先生只是怒目而视；但到了后来，终于表现得愿意接受了。妻子没有试图去爱抚这只猫，或者问它的情况。第四次去拜访的时候，豆子先生趴在厨房的柜台上，妻子放弃了英语，改用猫的问候语"喵呜？"，豆子先生也回答了一声喵呜。明知道那只猫有可能会在自己的额头上开道口子，妻子还是把手垂在身侧，低下头，试探性地、缓慢地接近豆子先生。见证奇迹的时刻到来了，豆子先生也用头凑近妻子，侧过脸蹭了蹭她的太阳穴。（猫耳朵下的区域长有气味腺，它们会用气味腺来标记喜欢的人类和其他猫。）从那时起，我不敢说这一人一猫变成了最好的朋友，但紧张的关系肯定得到了缓和。现在，每当妻子去她那位朋友家时，豆子先生都会跑到她身边，跟她履行那套问候仪式，豆子先生甚至能够容忍妻子抚摸它几秒钟。真是莫大的进步！

))) 你叫什么名字？

在初次相遇中，语言还扮演着另外一个重要角色，就是确定个体身份，粗犷的版本是"嗨，我的名字叫作"姓名标签（视觉讯号），又或者是口头的自我介绍与握手的姿势（一种古怪的风俗，据说起源于以剑相搏的时代：向着陌生人伸出你没有武器的右手，以表示你的和平意图）。

要说很多动物都能够确定群体内的个体成员，例如大量的鸟类和哺乳动物，我想绝大部分人都不会感到吃惊。就像我们能够辨识出人类的脸庞、体形，甚至是走路的姿势，很多动物也能通过视觉、声音或者嗅觉手段辨识出个体的身份。

甘尼森土拨鼠能够使用上述的3种手段，这些胖乎乎的地松鼠居住在西部草原上。在土拨鼠的领地里，动物们将生存空间划分为一块块领地，包括了族群生存所需的食物来源和洞穴位置。起初，人们以为每个占据领地生活的族群都是关系密切的家庭单元，但最新的DNA测试表明，它们其实是一些不相关的个体，聚在一起合伙保护某块特定的草地。

一个土拨鼠的领土群落可以拥有1到20个成员。在占据领地的多个成员当中，一般都会有几只成年雄性，几只成年雌性，以及土拨鼠幼崽。在地面上，土拨鼠拥有良好的远距视觉，能够针对接近的掠食者发出警报，并能够将掠食者的种类告知同伴。它们还能看到入侵领地的外来者，但当两只土拨鼠偶然相遇时，它们会进行一种迷人的行为，被称为问候亲吻。两只土拨鼠会彼此靠近，脑袋前倾，嘴巴张开，要是距离足够近，它们就会微微侧过脑袋，露出大门牙，用舌头碰触对方的舌头。

这样一场亲吻过后，土拨鼠的反应取决于它们亲吻的对象。倘若是来自同一族群的成年或幼年成员，它们通常会肩并肩地离开，一起去觅食。倘若一只土拨鼠误入了其他领地，那我们就会看到截然不同的故事，几乎称得上是搞笑了：问候亲吻之后，两只土拨鼠都会后退几步，显出一副震惊的样子，就像是刚刚亲吻了蟾蜍。接着领地所有者就会把外来者驱逐出境。

目前为止，我们还无法确定土拨鼠为什么要亲吻。要说它们在领地之上需

这兄弟看上去挺顺眼，如果不是外来的，我就约他一起去找吃的。

要味觉线索来确定对方的身份，那也太不合情理了，因为它们的视力非常好。然而，这些有趣的小动物大部分时间都生活在地下。每个小团体都分享着拥有多个空间的隧道系统，这些空间可以用来睡觉、储存食物和放置废物——由隧道相连接。冬天的绝大多数时间，它们都待在洞穴里；即使是到了夏天，它们也只会在日出之后到地面活动，到天黑之前就早早回到了地下。

在白天的光线之下，进行地面活动的土拨鼠并不需要味觉线索来确定个体动物的身份，但在地下隧道里，嗅觉或味觉说不定就是它们判断来者是友是敌的唯一方法。就像我们晚上下班之后，通过亲吻爱人就能判断出他们吃了洋葱，土拨鼠也能判断出对方是否食用了生长在领地内的植物，又或者是其他地方的不同植物。当然了，还有另外一个原因，就跟我们人类差不多，仅仅是因为亲吻的感觉非常好。

其他一些地松鼠会用气味来区分亲属或外来者。贝尔丁地松鼠居住在美国太平洋西岸的较高海拔地区，它们的外形跟土拨鼠极为相似。小群的雌性地松鼠聚居在一个洞穴里，而雄性也会单独居住在其他洞穴。跟土拨鼠一样，这些地松鼠在口侧和背部都长有气味腺，能够散发出独特的气味。有项研究显示，地松鼠能够根据气味腺散发出来的气味分辨出亲属和外来者。奇怪的是，它们还能够辨识出个体亲属之间的细微区别，比如说表亲和非血亲，又或者是祖母和阿姨。由于人类在气味方面并不敏感，所以我们并不知道这些亲属的气味是怎样转化为动物的实际感知的。大概在识别个体动物时会使用到气味。

想想看，对于我们来说，为单独的人类个体打上气味标签是一件多么困难的事情啊。就我的个人经验而言，我能想到的唯一实例就是我以前认识一个研究生，他老是使用一种味道很特别的古龙水。这种古龙水的香味很持久，每次他走下我所在的大楼里的楼梯，哪怕我是在半个小时之后走进楼梯，也能马上想到，哦，山姆不久之前在这里逗留过。在得知他使用的古龙水名字之后，不管我在什么时候闻到他经过留下的气味，都能立刻在脑海里把山姆和古龙水的名字进行互换。

不过，西欧文化倾向于掩饰气味。我们用香皂和洗发液来洗澡，我们使用古龙水或香水，我们使用止汗剂，并尽最大努力来洗掉自然的身体气味。我在肯尼亚居住期间，大多数人都不使用香水来掩盖身体的气味。当你走进巴士或某些人群密集的地方时，就会嗅到人类的原始气味。有时候这些气味简直是排山倒海。有一次，一个肯尼亚人问我："你们欧洲人是怎么处理体味的？"我想他说的是某些人不使用香皂和止汗剂，有着强烈的体味，所以我含糊了几句，想给出一个礼貌的回答，不会伤害到提问者的情感。他很快就明白了我的意思，但是他说："不，不，我不是说我们的气味。我是说你身上散发出的恶臭。你怎么能容忍香皂和加香洗发水的恶臭？你洗掉了所有的气味，这样你就无法知道人们对你的真实感觉了。"他的话也有道理。气味是语言的一个要素，我们却把它给洗掉了。

很多物种都拥有所谓的签名要素，用来发送讯号，有些讯号是某一个体特有的，能够标识出它在群体中的身份，就像是名字一样。在最为著名、最为人喜爱的动物当中，能够使用声音签名的就是海豚。

宽吻海豚（樽鼻海豚）各自拥有不同的口哨声，正常情况下，开始的频率较低，在5 000赫左右，到了第二次抬升，就会提高到20 000赫以上。对于某些个体来说，这种抬升是连续性的；而对于其他个体来说，声音的频率会抬升，也会下降，频率调整呈倒V形状。这些口哨声完全能够和海豚的名字相提并论。其他海豚会频频模仿某一只海豚的签名口哨声，仿佛是在叫这只海豚的名字。有项研究录制了海豚的特有口哨声，再通过回放去评估海豚的反应。研究员向海豚妈妈回放了它的孩子发出的口哨声，以及没有亲缘关系的幼年海豚发出的口哨声。在播放前者时，海豚妈妈会更加频繁地看向扬声器。

因为口哨声中含有意想不到的声音线索，另一项研究在电脑上合成了口哨声，并将所有造成声音独特性的声学特征最小化，只留下口哨声的主要声学结构。研究员通过水下扬声器向个体海豚回放了这些合成口哨声。回放的录音有的来自于个体海豚的亲属，有的来自于非亲属，研究员想看看是否每只海豚

都会对亲属的合成口哨声要更为关注。跟非亲属的口哨声回放相比，每只海豚都确实会更多次数地回过头去倾听亲属的口哨声。这种情形很像是你去参加派对，有很多人在聊天，突然间，你在各种噪声间听到了自己女儿的名字。于是你会回头去看是谁在谈论她，以及那些人会说些什么。

海豚会从妈妈那里学习签名口哨的知识。一只海豚降生后，它的妈妈会提高吹口哨的频率，海豚幼崽出生之前是每4分钟一次，但在幼崽降生后的前两个星期之内，口哨频率变为每分钟三次。在这段时期内，其他没有幼崽的海豚则不会提高口哨频率。海豚妈妈还会改变口哨的声学结构。因为很难用水下听音器录制不同海豚之间的声学差异，我们并不知道海豚妈妈的口哨声有什么意义。也许它们是在教授幼崽如何辨别妈妈的声音，也许它们是在教授幼崽名字的发音。也许海豚妈妈是在为幼崽命名，并且教授它们如何叫出自己的名字。

口哨声并不只是用于名字。有项研究观察了17只成年和幼年的宽吻海豚，记录了它们在不同情境下发出的口哨声。成年海豚是在自然环境中被抓获的，但至少被圈养了10年；而幼年海豚就是在圈养地出生的。这项研究记录了15种情境下所发出的口哨声。其中一种情境是被另一只海豚管制或管制另一只海豚。当幼崽距离过远时，海豚妈妈常常会发出"砰"的声音来进行管制，让幼崽游回来。另一种情境是和其他海豚嬉戏。第三种情境是接近海豚妈妈。按照我们的期望，以上情境全面地显示了群居动物为交流信息所进行的活动。我们并不知道动物会在这些情境中交流哪些信息，但我们可以从解析不同声音的意义开始，就算是以粗糙的方式取得了突破，还是会错过声音中编入的大量细节。

海豚并不是唯一一会进行广泛社会交流的鲸目动物。雄性座头鲸因为它们品目繁多的歌曲而闻名。但鲸鱼并不是只会唱歌。当它们跟随族群迁移时，雄性和雌性鲸鱼都会发出好几种声音，被我们描述为"哼哼"、"嘟囔"、"嗡嗡"、"呼哧"、"咕哝"、"呻吟"和"尖叫"，鲸鱼会使用这些声音跟同族群的其他鲸鱼进行交流，也会跟在迁移路线上碰到的异族鲸鱼进行交流。抹香鲸也很喜欢交谈，它们应该是迄今为止在地球海洋中发现的最大鲸鱼。雌性抹香鲸通常会聚成群游弋，合作照顾幼崽。在旅行中，它们会发出一系列被称为"终曲"的咔哒声，个体鲸鱼将这种声音作为联络叫声。"终曲"的音量和时长都存在着很大的差别。个体鲸鱼会频频用"终曲"跟其他鲸鱼的"终曲"重叠，就像是它们在同时说话。虎鲸（杀人鲸）会在社交场合发出复杂的口哨声和脉冲叫声。人们认为这些叫声提供了群体身份信息，但对口哨声和脉冲叫声的变化监测表明，它们传达的信息远不止这些。

更有趣的是，太平洋东北部生活着两种虎鲸族群：常驻族群和暂时族群。常驻族群的听力较弱，靠捕食鱼类为生；而暂时族群的听力较强，靠捕食海洋哺乳动物为生。常驻族群的鲸鱼会发出很多脉冲音跟同伴联络；而暂时族群的鲸鱼一般都会保持沉默，只有一个例外，就是在杀死猎物之后，它们会使用明显的脉冲音跟族群内的其他成员联系。

大部分时间，鲸目动物都生活在可见性有限的海水里，还有另一种动物跟它们一样过分倚赖听觉讯号——主要原因是它们大部分时间都生活在黑暗中——那就是蝙蝠。绝大多数的蝙蝠叫声都在20千赫到100千赫的范围之内，远远高于我们能够听到的最高声音频率。因此，很长时间以来，人们都没觉察到蝙蝠发出的声音中具有丰富的词汇。

我曾在非洲对黄翅蝙蝠（黄翼蝠）的声音进行研究。这些蝙蝠成双成对地栖息在领地内，由雄性蝙蝠负责守卫工作。它们的体形很大，靠猎捕大型飞虫为食，它们会从空中阻截飞行的甲虫或者大飞蛾，带回栖息地从容地享用。为了研究这些蝙蝠的声音，我被迫携带了一台磁带录音机和一个抛物面麦克风，那个麦克风的样子就像是巨大塑料飞碟，边缘直径达到了两英尺左右。在我使用的工具中，塑料飞碟里安装着一个方向朝后的麦克风，还带有手枪式握把。塑料碟会将声音聚集到中间，麦克风就会录下被集中的声音。你只需要拿着握把，指向想要录制的东西就行了。塑料碟上有个小点和一个小珠子，就像是麦

克风上的瞄准器，这样你就能将整套装备排列整齐，确保以最好的效果收到声音。有了它，哪怕是相隔100英尺以上，也能记录下动物发出的微弱声音。

问题在于，这套设备在海关人员眼里活脱脱就是间谍携带的东西。我的野外工作站位于肯尼亚的巴林戈湖，想去那里，一路要经好几个国家，途中我会反复解释这个是用来录制蝙蝠叫声的麦克风。而海关人员认为我才是名副其实的蝙蝠（间谍）。我不得不照规矩拆开录音机，展示里面并没有藏着将我跟情报机构扯上关系的短波发射机。我还尝试着向海关人员解释，没有头脑正常的间谍会公开携带这种装备，还用这么荒谬的故事来解释它的用途。不过还是收效甚微。官员们会花费一个小时或更多的时间来讨论是否应该没收我的设备，或者把我关进监狱。在这种时候，我会掏出打包在行李里的笔记本，里面收录有用于床头阅读的各种数据和科学论文。这样一来，海关人员反而接受了我的观点。他们的结论通常是这样：毫无疑问，我是个疯子，但没什么威胁性。于是我获准入境了。

雄性和雌性黄翅蝙蝠栖息在相同的金合欢树枝上，或者靠得很近。在日落时分，雄性蝙蝠就会发出声音。假如你从来没观赏过热带地区的日落，那可是跟温带地区截然不同的体验。在热带地区，日落时间是六点钟，在10分钟内就会天色俱暗。没有为时漫长的日落过程，就像是有人拉上了窗帘，全世界一下子变黑了。日出也是同样的情况。在早上六点钟，太阳会猛然升起，阳光潮水般淹没了整个大地。蝙蝠会在日落之前发出叫声，每只雄性都会发出人耳能够听见的尖叫声，所以一天中我只有很短暂的时间录制蝙蝠的叫声，然后就会在黑暗中失去它们的踪迹。当我回到美国的实验室，对叫声进行分析时，我发现每只雄性蝙蝠都拥有独特的嗓音和声音签名，和其他雄性存在着千差万别。在那个族群中，每一只雄性和雌性蝙蝠极有可能准确无误地知道是谁在发出叫声，每只蝙蝠栖息在什么地点。

其他蝙蝠也会在叫声中附上个体签名。大鼠耳蝠会发出一种很短的回声定位音波，只能持续3毫秒。在这个时间段内，音波的频率会由100千赫下降至30

千赫。个体蝙蝠能够依据回声定位叫声的声音特征来识别出其他个体。这些叫声中都有音能较为强烈的地方（这种地方叫作共振峰，我们的声音中也存在共振峰），在每只蝙蝠所发出的叫声中，共振峰都各不相同。举个例子，某只蝙蝠在65千赫具有更多音能，而另一只蝙蝠则在45千赫具有更多音能。

基于这种能量分布，蝙蝠可以分辨出个体的声学特征。人们都知道，两到六只蝙蝠能够聚成群飞往觅食区，但以前没人知道蝙蝠为什么在夜间还能保持队形并高速飞行。现在我们知道了，大鼠耳蝠能够通过回声定位叫声的个体特征进行交流，这样一来，每只蝙蝠都会对其他成员的位置了如指掌。大鼠耳蝠的亲戚小棕蝠（小褐色蝙蝠）也在回声定位叫声中编入了个体身份信息，以及年龄和生殖状态信息。

个体识别最为重要的需求之一就是妈妈需要辨认出自己的孩子。

说到这点，没什么地方比大型公用筑巢栖息地更具有挑战性了，比如说墨西哥无尾蝙蝠生活的洞穴。这些蝙蝠大量聚居在山洞里，小蝙蝠就在这些地方降生。虽然每只蝙蝠都只生育一只幼崽，但数目庞大的幼崽挤在狭小的空间里，效果还是相当惊人的，每平方米堆积的小蝙蝠数量高达5 000只。每只蝙蝠妈妈都必须要在这一大堆幼年蝙蝠中找出自己的孩子。某种程度上，蝙蝠妈妈依靠良好的空间记忆来记住幼崽所在的位置。但蝙蝠幼崽和妈妈都会发出叫声，以帮助妈妈找到孩子。即使是在几千只小蝙蝠的尖叫声中，蝙蝠妈妈也能识别出幼崽的叫声并进行定位，同样，小蝙蝠也能识别出妈妈的叫声，并被其吸引。

在远离栖息地时，有些蝙蝠会反复对同伴发出叫声。白翼吸血蝠分布在墨西哥到阿根廷地区，主要靠吸食鸟类的鲜血为生。跟普通的吸血蝙蝠（圆头叶蝠）亲戚不同，它们并不常在地面上乱跑，而是非常擅长爬树，在树枝上寻找鸟儿。当栖息群体中的某个成员远离其他蝙蝠时，它就会多次发出社交叫声，这种叫声含有降调，跟日常使用的回声定位叫声结构不同。来自同一群体的其他蝙蝠会用社交叫声回复，并飞向落单的蝙蝠。在此过程中，落单的蝙蝠会不

断与其他蝙蝠交换叫声，直到同伴找到它为止。依靠这种方法，能够确定一只蝙蝠是否迷路，或者确保在它有需要的时候获得帮助。

在绝大多数情况下，我们并不知道这些个体签名叫声是否能够学习，是否由基因决定。然而，一项研究对松鼠猴（狨）发出的"咯咯"叫声进行了分析，结果显示，个体签名叫声是可以学习的。松鼠猴生活在中美洲和南美洲的热带雨林，它们喜欢逗留在树冠层，以水果和小昆虫为食。研究员将松鼠猴圈养观测了很长时间，一只名叫贝克的猴子表现尤为卓越，它还参与了美国太空计划，乘着火箭飞入了太空，又成功返回。在松鼠猴所发出的叫声中，"咯咯"叫声被应用于社会交往之中。这些叫声各不相同，每只猴子所发出的"咯咯"声都存在着轻微差异。最初，幼年松鼠猴在社交中并不注意"咯咯"叫声，但伴随着年龄的增长，它们越来越关注这种叫声，直到最后，它们作为准成年和成年松鼠猴，会对家庭和社会群体中的成员回复出强而有力的"咯咯"声；同样，它们也会大胆接近那些正在发出熟悉的"咯咯"叫声的个体。

另一种依靠语言功能的动物是斑点鬣狗（黑斑鬣犬）。鬣狗是优秀的猎手，虽然很多人都觉得它们是食腐动物，但在肯尼亚的部分地区，它们能够杀死比狮子还要大的哺乳动物。当鬣狗在夜间进行猎捕活动时，你能够听到它们发出像呵呵笑一样的叫声。我听说过一些谣言，就是有些肯尼亚本地居民不会埋葬死人，而是把尸体以坐姿留在野外，让鬣狗食用。这就表明，鬣狗会像吃大型有蹄类动物一样吃人。

我听过很多鬣狗的叫声，但它们从来没有试图闯入过我的帐篷。有一次，我把跑鞋留在了外面，到了早上，鞋子基本上消失了，它们被一只鬣狗给吃掉了，只剩下一只鞋底和两根鞋带。还有一次，我把叉子和勺子留在了外面。通常，为了不招来食腐动物，所有的食物、餐具、杯子、锅和其他用品都储存在卡车上的木箱里。但莫名其妙地，我遗漏了叉子和勺子。第二天清早，我从睡梦中醒来，发现叉子和勺子都被嚼成了小小的金属球，上面遍布着鬣狗的牙印。

鬣狗以不固定的社会系统聚群而居。雌性鬣狗的社会地位高于移居进群体中的雄性鬣狗。奇怪的是，雌性鬣狗会使生殖器扩张，使其看起来像是雄性生殖器官，因此，人类观测者无法通过生殖器外观来分辨某只特定的鬣狗究竟是是雄性还是雌性。在雌性鬣狗当中存在着等级秩序，会有高等级雌性和低等级雌性之分。

在我的帐篷周围，鬣狗在近处的树枝上留下了气味。鬣狗家族会标示出领地，并用气味作上记号。两种性别的鬣狗都会用肛门部位摩擦野草茎秆或树枝，有时候还会挤压肛囊。很多哺乳动物都拥有肛门腺体，我们已经知道，其中一部分哺乳动物会使用肛腺分泌物来标识个体身份；我们对鬣狗的分泌物进行了全面分析，结果显示，这种讯号系统非常复杂。经过研究确定，143种肛腺分泌物中包含着252种挥发性化合物。这些化合物的成分为每只鬣狗提供了独一无二的化学描述。在遗传相似度和分泌物的化学描述之间没有关联，而社会地位和化学描述也没什么关系。

个体的描述会随着时间流逝而变化，所以鬣狗不得不长期监控群体成员的肛门分泌物。鬣狗会频频进行问候仪式，它们会互相嗅闻对方的肛门，这可能是鬣狗用来了解个体化学描述的手段。另外，群体内的个体鬣狗常会用身体摩擦其他成员留下的化学标记，将自己的气味和多种气味混合，以此来标识群体身份。肛门腺体中含有多种化学物质，为将大量信息编入分泌物提供了充分的机会。

要想亲眼目睹动物使用签名讯号表明身份，你并不用飞到非洲丛林。当我牵着家里的狗出门时，经常会看到粗心大意的遛狗人留下的狗粪便，而我的狗就会停下脚步，用力嗅闻这些粪便，还抬起腿在附近撒尿。时不时地，它还会留下自己的粪便（我会把粪便捡起来放进塑料袋里，以免破坏了城市的风景）。我们都知道，狗在排泄时，有部分肛门腺体会受到挤压，分泌物会渗入粪便。养狗的人都会清楚地记得，他们被迫为狗挤压堵塞的肛腺时那种场景；或者当狗真的感到害怕时，就会马上释放所有的肛腺分泌物。那种臭味太

可怕了。

原来，肛腺分泌物中含有狗的个体身份信息，包括狗的性别，说不定还有狗的品种。虽然需要进一步的研究，但对肛门腺体的分析有可能会显示，狗能够改变分泌物的组合，以制造特定的信息。人们分别对两种性别的小猎犬和雌性拉布拉多犬的肛腺分泌物进行了研究，结果发现了37种含有挥发性物质的混合物。在不同的狗身上，这些物质的比例也各不相同；不同的性别和种类，对物质的比例也有影响。狼和土狼的肛囊也能产生同样的化合物。伊比利亚狼（在西班牙出没）的粪便中至少含有77种化学成分，能够提供性别信息，也许还有个体狼的身份信息。所以说，我的狗停下来嗅闻粪便，对它来说就像是在读报纸。它会知道哪些狗去过那里，在多长时间之前，它们最近几天吃了什么东西当午饭。以上这些八卦消息都能一闻便知。

))) 你在哪里？

人类学家认为，人类的语言源自我们的社会性，那毫无疑问，群居动物也会使用语言，有时候只是为了维持联络。关于人类使用语言来保持联系，还是举例说明吧，我和妻子常带着狗去北亚利桑那州的杜松林散步。杜松林会让人晕头转向，因为大部分树的样子都很相似，它们都只有10或15英尺高，10英尺那么粗，但树跟树之间距离很近，很容易让人迷失方向。我们尽量待在一起，但有些时候，总会有人发现有趣的花朵或石头，需要停下来观赏一番，而另一个人则继续往前走。我就碰到过很多次这样的情况。我抬起头来，看到妻子和狗都不见了，越过树木，周围也看不见任何动静。每当这个时候，我就会大声叫喊："喂，你在哪里？"接下来就会听到远处传来回答："我在这里。你在哪里？"于是我就知道，我还没有彻底把妻子和狗弄丢。我们两个人会不断大叫，"喂！"依靠声音的方向来找到对方。其他群居动物也会使用同样的联络叫声来进行定位，并和同一群体中的其他成员保持联系。实际上，当山雀或松鹤以松散的队形掠过人类身边，飞入树林的时候，我们经常能够听到这些鸟儿发出类似的叫声。

然而，如果我和妻子去斯科茨代尔购物，我们只能使用稍有不同的讯号来保持联系。在拥挤的商场里，单单大叫"哈罗"可没什么作用——会有很多我们不想联系的人转过身来作出回答。要是我们其中一个人看到另一个人穿越了繁忙的美食街，我们就必须要有更为特殊的讯号，就是高声叫喊对方的名字。动物也拥有同样的专门性叫声。

白鼻浣熊（长鼻浣熊）会聚成小群四处游荡，搜寻小昆虫、脊椎动物、水果和各种蛋来吃。在游荡过程中，它们会发出联络叫声，那是一种短暂的"吱吱"声，时长在0.1至0.2秒之间。这种"吱吱"声含有我们可以听见的声音元素，但它们也会上升至超声频率。

"吱吱"叫声各不相同，每只动物都拥有独特的声音描述。浣熊会在浓密的植被中搜寻食物，在那种地方很容易和同族群的其他个体失去联络。较高频率和较低频率的声音相混合，尤其适合浣熊喜欢的栖息地。高频率声音会随着距离增大而快速消散，除了短距离交流之外，几乎起不到什么作用；而低频声音传播的距离更远，可以用作较长距离的讯号。高频音和低频音结合，能够让浣熊通过声音互相保持联络，不管它们面临何种环境。

每个晚上，土狼都会跨越漫长的距离外出狩猎，长距离保持联络的技巧被它们运用得出神入化。土狼的适应性很强，它们是狗和狼的亲戚，也曾一度是西部荒野的象征，现在它们已经蔓延到美国的其他地区。我家附近就是明格斯山脉，在丘陵地区肯定有个土狼的巢穴；每天早上在日出之前，我们都能听到土狼从低处狩猎归家时发出的嚎叫声。每只土狼都拥有专属的歌唱声，而且，研究结果已经确切表明，嚎叫声提供了个体土狼的身份信息。典型的土狼嚎叫声会以上升的频率开始，达到1 000赫左右时，就会保持几秒钟的稳定状态；随即声音的频率又会下降，直至结束。每只土狼都会以自己的方式提高音频，不同的个体会在升调过程中加入颤音；同时，土狼也会在稳定状态改变音频，在嚎叫声相对稳定时加入小频率变化。

　　我们非常幸运，曾有机会近距离欣赏到土狼唱歌。有一天，一只土狼站在我家的露台前面（正对着干河床），持续不断地大叫了好几分钟。不同于草坪装饰品，我们看到的真正土狼在唱歌的时候不会蹲下，而是保持站立的姿势。如果土狼离开了群体，它的叫声听起来就跟它留在狼群时很不一样。这种叫声不像是嚎叫，更像是一连串的短吠，夹杂着悲哀的尖叫。当一群土狼聚在一起时，就会唱出最令人不可思议的歌曲。它们会同时歌唱、吠叫、咆哮和怒吼出自己的歌曲，充满了欢乐气氛——从太过杂乱——到变成大合唱。歌声会一直持续下去，听得人毛骨悚然。

　　狼群也会发出嚎叫。在北美和伊比利亚地区，狼的嚎叫声中都含有好几种和声和频率调整，并在其中编入了身份信息。当我们观察狼嚎声的声波图时，能够明显看出嚎叫声中有很大几率被编入了信息，而且远远超出了身份信息的范围。从这点来说，从嚎叫声中梳理出狼的个体身份真是最容易不过的事情，因为在这种情形之下，我们可以测试某些特定的东西——将某只发出叫声的狼，跟其他嚎叫的狼进行比对。

　　如此看来，许多物种都能将个体身份和联络叫声相结合，用来和同伴保持联系。另一个活生生的例子就是蓝头鸦。蓝头鸦生活在西部，是东部冠蓝鸦的亲戚，但它们翅膀上的羽毛呈现出更为柔和的蓝色和灰色。蓝头鸦会成群结队地觅食，在觅食和飞行期间，它们常常会发出大叫声。

　　有些时候，我曾在亚利桑那州的高地沙漠遛狗，这种地方一般没有蓝头鸦，但我听到远处响起了洪亮的骚动声。一开始，我并不确定声音的来源，但我的狗转过身去，望向了北方，顺着狗的视线望去，我能听到隆隆声就是从那边传来的，而且越来越近。在几秒钟之内，隆隆声分解成了鸟类的尖叫声，无数鸟叫声重叠在一起，让我无法判断哪声尖叫何时结束，哪声尖叫又何时开始。很快，就有一大群蓝头鸦掠过我的头顶，每只鸟儿都用最大的音量在尖叫，声音震耳欲聋。整群蓝头鸦飞过之后，大概过去了一分钟。虽然以前我听过说蓝头鸦会集体出动去觅食，但我从来没听过这么巨大的鸟群在飞行时发出的声音。隔着这么远的距离，应该没人会错过它们。

　　蓝头鸦至少能够发出15种不同的声音。其中有几种声音被描述为"颤音"、"嗡嗡"声、"呱呱"声、"尖叫"和"草堆（rick）"，但我所听过的嘶哑、刺耳的叫声被形容为"齿轮（rack）"。除了起到联络功能，"齿轮"叫声还含有签名组件，不仅能够根据不同的个体而改变，还包含了发出叫声的乌鸦的身份信息。在群体移动时，这种签名组件会让每只鸟儿很好地掌握同伴的方位。另外，叫声中的个体差异允许雄性和雌性蓝头鸦正确辨识对方身份，在一夫一妻制的鸟类族群中，离婚几乎没有其他鸟知道，失去了伴侣的鸟儿会孤独地度过余生。

　　要解读其他叫声的意义，估计非常困难。我有个学生对一件事情很感兴趣，就是蓝头鸦是否会在附近有同类时发出食物叫声。这就是所谓的听众效应，在其他鸟类当中也会反映出来：只有在听力范围内存在雌性时，某些雄性鸟儿才会用大叫声表明食物的位置；但是，如果附近只有其他雄性鸟儿，它们就不会发出叫声，这点跟家鸡很是相像。

　　当我和学生在电脑屏幕上观察叫声时，我充分了解到分析蓝头鸦的叫声有多么困难。单个的叫声能够以"齿轮"开始，但会变成"多倍齿轮"，两声"齿轮"会融合在一起，毫无任何时间间隔。又或者单一的"齿轮"会变成很多个"多倍齿轮"，但每个"齿轮"成分具有不同的声学结构，让叫声很难被拆解。或者，单个叫声能够以"多倍齿轮"开始，接着变成"嗡嗡"声，最后再变回"多倍齿轮"。看到这些叫声显示在电脑屏幕上，让我想起了人类语言在屏幕上的状态——在几秒钟之内，模式就会发生变化。但我们都知道人类语言的代码，也知道人类语言的意义。对于蓝头鸦的语言，我们却一无所知。

　　其他鸟类则远远超越了个体签名组件，并将群体身份融入了联络叫声。跟蓝头鸦表亲比起来，墨西哥松鸦（灰胸丛鸦）生活在更低海拔的地区。从亚利桑那州南部到墨西哥南部，这些地区都是墨西哥松鸦的栖息地，它们一般居住在冬青叶栎、松树和杜松林地，由5到15只鸟儿形成小小的社会团体。就跟蓝头

鸦一样，它们拥有个体叫声，这些叫声充当着联络叫声的角色，能够让群体成员了解到同伴的下落。

这哥们儿几天前就死了，怎么还能听到他在叫？太恐怖了！

在亚利桑那州南部，奇里卡华山脉是广受美国各地观鸟者青睐的地方，那里生活着好几个墨西哥松鸦群，人们对其进行了全面研究。这些山脉间或会有好几个亚热带种生物光临，也因此吸引了大波观鸟爱好者和科学家。在对墨西哥松鸦的研究中，研究员分别对同种群和其他种群的成员播放了个体鸟儿的联络叫声。其他种群的成员对叫声更感兴趣，还有松鸦飞到扬声器边去检查谁在那里。而同种群的成员应该是以前在领地内听过同伴的叫声，但是当它们听到其他族群成员的叫声在不该出现的地方响起时，就变得紧张起来。所以说，要么就是族群里的每只鸟儿都记下了其他成员的签名叫声，要么就是叫声中含有特殊的族群身份组件——不管其中是什么原理，一旦外来者开口大叫，鸟儿总是有办法获悉其身份。

另一种拥有迷人声乐曲目的鸟儿是鹦鹉。很多人都觉得，鹦鹉只不过是一种毛色美丽的鸟，被关在笼子里，最大的才能就是模仿人类说话，但并不知道其中的意思。其实，野生鹦鹉是高度社会化的鸟类，它们成群聚居，彼此之间会进行多种社交活动，也包括联络叫声在内。黄冠亚马逊鹦鹉生活在哥斯达黎加的干燥林内，科学家对它们的联络叫声进行了研究，结果显示，联络叫声内既编入了每只鹦鹉的个体信息，也编入了方言区域的信息。这些鹦鹉夜间聚集在专用的栖息地，数目可达到20至300只。这种夜间栖息地是传统地点，会日复一日，年复一年地使用下去，有些地点的使用期在30年以上。

基于叫声的声学结构，鹦鹉的联络叫声可以归纳为3种方言，并能够被每只生活在方言区域的鸟儿所学习，每种方言区域内都存在多个栖息地。有些鸟儿生活在两个方言区域的边界处，那它们就会使用两种方言，用够以两种方式发出叫声。对鸟类的遗传学研究表明，在方言区域内存在大量的基因流，这也证实了方言能够通过单纯的学习和文化传承得以维持，和遗传多样性的关系不大。

部分鸟类的学习和双语交流能力不仅证实了话语系统在起作用，还为这些动物具有语言提供了有力佐证。这些现象还为我们指出，有些能力，比如说人类的语言，语言要素能够通过学习而获得和塑造，并从此代代相传。

下面我们将对联络叫声进行最后诠释，它们本身就是语言能力和使用的证据，我们先来回顾一下早些时候在树林中看到的山雀。在美国境内，山雀因为其娇小的体型和鲜明的黑白灰三色羽毛斑纹，能够很快被人们识别出来。

黑顶山雀拥有可爱的外形，足以跑到圣诞树上去冒充装饰品。它们经常在灌木丛和树林周围的各种栖息地出没。这种鸟老是发出"Chick-a-dee"的叫声，（音译"吱吱-喳"，把分隔线去掉即为chickadee，汉语意思山雀——译者注）因此而得名山雀。但就用"吱吱—喳"来为它们命名太有欺骗性了，因为这种叫声包含了大量的语法结构。这些叫声也会发生变化，以应用在社交互动，领土维护，以及围攻其他鸟儿的活动中。

这些鸟儿发出的"吱吱—喳"叫声能够拆分为四个部分，研究人员将它们命名为A、B、C、D音节：A音节听上去就像是简短的口哨音；B音节比A音节更短，但在音调上具有起伏；C音节也很短，但音质沙哑；D音节最长，听上去

就像是锉刀声或动物吠叫声。

黑顶山雀的叫声包括一到好几个音节，其中的排列顺序和组合可以非常多元化。多个音节能够组成一长串，于是一声鸟叫就会像是ABABCC，或AAAABBCCDD；这个串列还能继续延长，例如BCDDDDDDDDDDDDDDDDDDDDD。这只是递归的一个例子，也是被部分语言学家声称仅在人类语言中才存在的现象。

黑顶山雀的表亲卡罗莱纳山雀生活在美国中南部和东部。卡罗莱纳山雀的叫声中也含有四个音节——A、B、C和D音节——这些音节能够以不同的方式组合，通常取决于具体环境。当卡罗莱纳山雀靠近地面觅食时，会较为频繁地使用某些组合；而当它们在飞行时，则会较为频繁地使用另一些组合。最有可能的情况就是，当山雀集体在在密林中搜寻食物时，反复发出的叫声扮演着重要角色，起到了让群体成员在任何特定时刻了解同伴位置的作用。

非常有趣的是，这些鸟儿的叫声也会遵循一套规则，或者说是语法。在回放实验中，研究员播放了包含不对称音节组合的人造歌曲，山雀无动于衷。这种情形就像是有人拿走我们的短语："我在倒伏的树底下"，把音节打乱，结果变成了："树在底我下的伏倒"，再回放这样一句乱七八糟的话，等着看我们的反应。估计我们会百思不得其解，处于同样境地的山雀也是如此。依赖于词语顺序来获悉短语或句子的意义，我们在人类语言中称之为句法，看来山雀也拥有句法。

还有一个相关问题，研究员对黑顶山雀叫声中的音节数量进行了分析，他们统计了美国人最常用的单个英语单词所包含的字母数量，再跟一声鸟叫中包含的信息数量进行比对，结果发现两者是差不多的。每声山雀鸣叫里的平均音节有六个左右，每个英语单词的平均字母有四个。山雀和人类都可以使用的长词语（叫声），但在日常交谈中，两个物种都主要倾向于使用较短的词语或叫声。

有些人会提出异议说，即使美国人使用较短的单词，但那些单词仍然能够表达复杂的意思。我们可以用简短的单词来谈论复杂的话题，例如国债，或者携带武器的权力。山雀也有同样的处理方式。叫声的复杂度甚至比它们的所见所闻要更大。表面上看来，虽然D音节的声波图谱都很相似，但更为细致的检测显示出，这些音节之间存在着微妙的差别，这就表明，山雀叫声中可能编入了比我们想象中更多的信息。

重申一次，话语系统发挥了强大的作用，帮助群居动物保持联络。从土狼到山雀，动物使用它们的感官去查看、倾听，甚至嗅闻出讯号，从而得知群体中其他成员的方位。它们会用行动对讯号作出回应，让自己和族群在同地区活动；并且/或者，它们会制造出个体专属的签名讯号，以便族群在游历或觅食时保持步调统一。

这块地盘是我的！

很多时候，当我们在林中漫步时，会碰到有倒钩的铁丝网，上面还挂着指示牌，写有公告——严禁擅闯。在有些地方，我们知道可以忽略这类牌子，因为我们认识土地的主人，或者知道那块土地已经荒废掉了。但在另一些地方，指示牌后面有人居住，还拿着枪，擅自闯入是个让自己吃子弹的好办法。所以我们会尊重指示牌，不敢越过铁丝网。领地动物也会做出一模一样的事情。一旦它们标注出了领地，就会在领地内宣告自己的存在，手段无外乎是歌声、视觉标示、散发出气味的粪便或者四处喷溅的尿液。如此一来，入侵者就会知道，如果跨越领地边界，极有可能会受到攻击，最低限度也是领地所有者怒火冲天的对抗。邻居可以偶尔进入但不受到攻击，原因是领地所有者认识它们；但绝大部分时间，领地宣告就是在说："严禁入内！这块地盘是我的！"

领地在生存和成功繁殖方面起着极为重要的作用。对很多动物来说，它们的领地包括了洞窟、栖息地或者巢穴，往往也包括了动物和其家庭成员赖以生存的食物资源。因此，当进入一块领地时，你需要详细了解谁是这里的主人，

领地的边界是什么，你会如何处置入侵者。

　　为了研究黄翅蝙蝠的叫声，我曾在肯尼亚的巴林戈湖逗留了一段时间。在那里，我亲眼见识到了动物用行动表明身份，同时还宣告了领地所有权。到达目的地后，我选择了湖边的一块草地作为宿营地，并作好了长期停留的准备。我搭起两顶帐篷，帐篷的支索被拉了出来，用桩子钉进了地里面。一个男人走过来，告诉我要提防河马。我知道河马在水里很危险，实际上，在巴林戈湖水域，它们老是骚扰渔船，它们会从渔船正下方冒出水面；或者直接冲过去，把渔船撞翻。最近几年，有好几个渔夫被淹死，或者丧生在河马的獠牙之下。想到这里，我不由忧心忡忡。我问那个男人，河马会不会拆掉我的帐篷。他哈哈大笑，给出了否定的回答，并且说河马在陆地上很温和，但还是小心为妙。但当我问他需要特别注意什么事情的时候，他却不肯透露细节，只是说我会明白的。

　　没过多久，我就从梦乡中给惊醒了。帐篷外面传来了刺耳的噪声，就像是生锈的活塞在圆筒里上下移动。这声音还十分响亮。我拿起手电筒，打开了帐篷门帘，四处晃动着光柱，就在那边，离我不超过20英尺的地方，有只正在进餐的河马。刺耳的声音是河马用牙齿咀嚼青草时发出的。河马真是太过庞大了！我无法采取任何措施，只能心怀着最美好的期望，拉上了帐篷门帘。我侧耳去听那难以忍受的噪声，但外面却悄无声息，过了片刻，我就睡着了。

　　清晨降临了。我还活着。帐篷完好无损。河马踪迹全无。只有一件事，在我爬出帐篷之后，我明白了那个男人所说的话，因为我找到了河马留下的礼物。所有的帐篷支索上都覆盖着又黏又臭的绿色粘液，连帐篷的侧面也没能幸免于难。有几个地方，粘液还从绳索上垂下来，形成了长长的线状物。河马用这种方式向我介绍了它自己。

　　后来，我发现河马的粪便具有独特的气味，而且它们会慷慨地散播粪便。每当河马有生理需要时，它们就会螺旋桨般地转动尾巴，并从肛门里喷射出粪便。那场面就像粪便击中了电风扇一样。这种行为会导致臭烘烘的黏性物质四处飞溅，向在同区域游荡的其他河马宣告了它的存在。这种行为也让我花了好几天时间才把东西清洗干净，却不料原来那只河马又重复了当晚的行为，不过也有可能是别的河马（在夜间的帐篷外面，还隔着20英尺的距离，河马的样子看上去都差不多）。于是我接受了事实：我只不过是河马领地的一部分，必须要忍受这一切。我还意识到，粪便还是河马所吃的青草的肥料。可以说，这些草"兜了个大圈，又回到了原地"！

某些领地宣告需要用声音。歌喉最为动听的草原鸟类之一就是草地鹨，这些鸟儿体型中等，胸部呈明黄色，黑色羽毛形成宽阔的带状，点缀在胸口位置。东部（东美草地鹨）和西部草地鹨（西美草地鹨）都拥有清晰的音调和多音调歌曲，但西部草地鹨较为特别，因为雄性西部草地鹨能够同时唱出两个音符。

早春时节，在南美越冬的雄性草地鹨回到了故乡。它们会通过"打桩"来划定领地——沿着包围筑巢地点的潜在边界唱歌，全部都在地面进行。根据歌唱经验和签名组件，每只雄性的歌曲都略有不同。边界争端会通过歌唱比赛来解决，两只相邻的雄性会选择一丛灌木，或者停留在有争议的边界线两边，彼此对峙，放声歌唱，获胜的雄性有权决定边界线的具体位置。

虽然歌曲大战会持续一整天，但边界线终会确定；一旦鸟儿之间划定了界限，争端就会平息，气氛就会变得非常平和——直到雌性草地鹨的到来。到了那时，歌声又会此起彼伏，雄性草地鹨会争先恐后地大显身手，以吸引雌性进入领地交配。求偶大战过后，场面再次变得风平浪静，雄性会忙着养家糊口。

让人惊奇的是，在此过程中，每位雄性居民不仅通晓自己的歌曲，还会模仿邻居的所有歌曲。科学家们通过一个巧妙的实验证实了这一观点。研究员通过观测，录制了个体草地鹨的歌曲，并记录了草地鹨在加拿大草原上的领地位置。随后，他们偷偷潜入领地，抓走了一只雄性草地鹨，用伪装过的扬声器代替了它。当扬声器播放原来那只雄性的歌曲时，一切如常。但是，当扬声器播放其他雄性的歌曲时（在别处录制的），骚动四起。就像是有陌生的

外来者入侵，附近的草地鹨变得怒气冲冲，它们跑过来进行调查，并重新宣告了领地边界。

由此看来，通过另外的大脑功能，即区分邻居和陌生者歌曲的能力，讯号的学习和制造在话语系统中得到了强化。这种识别具有清晰的进化优势。比邻而居的鸟儿互相学习歌曲并掌握对方位置，这样能够节省大量精力，因为它们不必到处飞行，去调查自己听到的每只雄性的歌曲。它们也不必持续参与浪费时间的歌唱大战。相反，它们可以将注意力集中在生存的其他方面，比如说交配，只要它们知道自己的邻居停留在应该的地方，做着同样的事情就行了。

鸟类用歌声来宣告领地所有权，蝙蝠也不例外。雄性墨西哥无尾蝙蝠会划定领地，并唱出含有许多音节和乐句的歌曲（音节就是单个的音符，乐句就是音符组合）。这些乐句分别被描述为"吱吱"声、"嗡嗡"声和"颤音"，声学结构就跟鸟鸣声一样复杂。"吱吱"声由两种音节组成，A音节和B音节。每种"吱吱"声能够以1～18次重复的A音节开始，以一个B音节结尾。A音节相对较短，时长约为3至7毫秒，声波频率呈下降趋势。B音节较长，时长约为14～20毫秒，结构也较为复杂，声波频率呈先抑后扬趋势。在"颤音"和"嗡嗡"声这两种乐句中，音节都都会被快速重复，声波频率呈下降趋势。除了领地歌曲之外，雄性蝙蝠还有两种手段来标记领地：一是使用肛门、生殖器和喉咙部位的腺体分泌物；二是通过拍打双翅来制造视觉展示效果。

墨西哥无尾蝙蝠能够发出16种不同的叫声，领地歌曲只是其中之一而已。其他叫声包括与愤怒、抗议、脸部摩擦和鼻子摩擦相关的社交叫声。当一只蝙蝠和另一只蝙蝠打招呼时，就会发出脸部摩擦和鼻子摩擦声，同时还会用脸部或鼻子去摩擦同伴的身体。每种叫声都由音节营造出独特的声学结构。就像人类的语言，叫声是由相同的音节组成的，但在不同的情境中，音节的组合千变万化。这就相当于英语单词是由音素组成的，相同或相似的音素能够用于不同的单词，但音素的顺序却根据单词而发生了改变。当我们念出"dog（狗）"和"god（神）"这两个单词时，会发现它们的音素一模一样，但音素的顺序完全不同。

))) 问候的语言

在本章所提及的所有情况中，动物使用语言互相致意，并表明个体身份。它们在联络叫声中使用语言。它们在跟父母及后代的交流中使用语言。它们在领地叫声中使用语言。

为什么语言不能是普通的"嘟嘟"声或大众化的气味？因为社会群体的成员拥有极为复杂的关系，它们需要所有的个体都循规蹈矩。它们也必须要知道每个成员在群体中担任的角色，以及这些成员会和它们发生怎样的关联。除此之外，社会群体常常会和其他群体进行竞争，又或者成为猎捕的对象。因此，传递特定群体身份信息和方位信息就变得极为重要了。这就涉及了自我意识及自我在社会关系中的争论：我是乔，不是山姆也不是哈利。我的伴侣是安吉拉；我的孩子是伯特和阿尼，我的隔壁邻居叫弗兰克。扩展开来说，这就意味着动物对环境的认知——参与由其他个体组成的群体；或身处某个地理位置，这里能够成为自己或其他个体的领地。

话语系统不断发生进化，并和在接触、致意和社交互动中不断增强的意识相得益彰。首先参与其中的是感官，感官负责从周围搜集线索——视觉、气味、声音、震动——让动物知道附近有其他个体存在。这些线索由大脑进行解读，随即决定是否要继续这场邂逅，或者选择逃跑，又或者是忽略其他动物。如果两方都没有直接危险，那它们就能交换讯号，表明自己的性别、年龄和来到此地的意图。如果两方都是来自同一物种的成员，它们就能进行更深层次的交流，宣告个体身份和成员关系。

在这些交流当中，有一部分是程式化、与生俱来的内容，其他则只是选择问题，这也正是语言发挥作用的地方。要在这些情境中成功运作，话语系统

也需要依赖动物的记忆能力，它们必须要记下自己遇见了谁，谁是群体中的成员，谁是外来者，还有它们的等级地位。群居动物往往需要记下领地与其他领地毗邻的位置，谁是自己的邻居。在记忆的基础之上，动物就能使用话语系统来进行选择了：一方面，可以对同种群的其他同伴发出的讯号作出适当回应；另一方面，可以在紧邻地区维护自己的地位，确保自己的安全与使用种群共享资源的权利。

Chapter 9

HOW DO ANIMALS TALK

动物语言的大好前景

语言能够帮助我们和其他动物建立联系。长久以来，人们一直力图去了解动物是否具有语言。但解读动物语言十分困难。我们需要观察讯号产生的情境，分析讯号结构，再看它们会因为情境差别会产生多大变化。情境为我们提供了解读讯号的钥匙，但这把钥匙并不是静止不变的，所以，有时候不能说某些我们观察到的事物就是语言，或仅仅是建立在本能上的交流。

　　我们早就在尝试解决动物语言问题的方法，就是将人类设计出的语言教授给动物。这些尝试背后有好几个理由，其中之一就是看看动物是否拥有学习语言的能力。假如它们获得成功，那就证明它们的大脑中拥有认知能力，可以处理语言；更进一步说，它们可以拥有语言。还有一个理由，就是为动物和人类提供了共同的交流基础。假如动物学会了人类语言，足以和人类交谈，也许我们就能直接获知动物的想法，就像我们能通过交谈获知人类同伴的想法。我们人类将自己看作是地球上最具智慧的生命，我们将人类语言视为交流的缩影。按照这种标准来看，动物能够掌握多少人类设计的语言，就是衡量动物智力的标尺。

))) 教动物学语言

　　人们花费了更多精力，在类人猿身上进行了更为透彻的研究，来教授它们学习人类语言。在类人猿当中，黑猩猩表现得相当容易和实验员接触，很多黑猩猩都是从非洲野外围捕来的，再送入动物园和医学研究机构。

从二十世纪二十年代到五十年代，人们进行了两个实验来间接地教授黑猩猩说英语。在二十世纪二十年代晚期，W·N·凯洛格和L·A·凯洛格决定在抚养儿子的同时，再抚养一只大猩猩。当时是行为主义的天下，有所动物行为学校致力于将环境影响同基因、遗传或认知能力影响进行比较。到了1925年，行为主义的创始人之一约翰·B·沃森提出了一个理论，他可以随意挑选一个孩子，通过控制孩子的成长环境，随意所欲将这个孩子打造成任何身份——医生、律师、乞丐、小偷。

凯洛格夫妇获得了一只名叫瓜瓜的雌性黑猩猩，在瓜瓜只有七个半月大的时候，他们就把小猩猩带回了家，和十个月大的儿子康纳德一起抚养。在之后的几个月里，凯洛格夫妇同时抚养这两个小家伙，尽量平等对待他们。康纳德和瓜瓜吃同样的食物，穿同样的衣服，睡同样的婴儿床，在相同的休息睡觉和玩耍。差别逐渐显露出来——瓜瓜喜欢吃鲜花，还会咀嚼用来洗澡的肥皂。但最为显著的区别还是在说话方面。康纳德开始发出人类语言的声音，瓜瓜却没有这种倾向。相反，它会吠叫、尖叫和大叫（很奇怪，这是黑猩猩在野外才有的行为）。最后，凯洛格夫妇得出了结论，瓜瓜没有人类语言的发音能力。

二十世纪四十年代，基斯·海耶斯和凯瑟琳·海耶斯在一只名叫薇基的黑猩猩身上做过类似的实验。夫妇两个把薇基带回家，就像抚养小婴儿那样，把它抚养到了三岁大。他们带薇基乘车，也带薇基参加派对，让薇基跟大量的人类接触，就像人类小孩子那样接受各种刺激。在那段时间内，海耶斯夫妇也试图教授薇基说英语。很不幸，经过长期的训练，薇基只会说四个词语："妈妈"、"爸爸"、"杯子"和"上"，而且我们还很怀疑"杯子（cup）"和"上（up）"到底是不是两个不同的词语。为了发出这些声音，薇基必须要控制自己的鼻子和嘴唇。它必须要学会把一只手放在鼻子上，把另一只手放在嘴巴上，用嘴唇做出形状，含糊地咕哝出"杯子"。这个实验的结论是，不仅黑猩猩无法独自学会说话（瓜瓜无法学会人类的语言），而且很难教黑猩猩学说人类的语言。

到了二十世纪六十年代中期，艾伦·加德纳和比阿特丽克斯·加德纳这两位心理学家提出了异议，也许是人们教授英语的方法不正确。归根结底，黑猩猩很有可能缺乏人类用来发声的喉部器官。但只是因为黑猩猩没有发出人类声音的生理结构，就说黑猩猩不能说英语，这就跟说人类不能靠在强风中扇动双臂让自己飞起来是一个道理。加德纳夫妇知道，黑猩猩会使用双手跟同伴交流。于是，他们决定利用这点来教黑猩猩学习美国手语，这种手语是为那些丧失听力或说话能力的人而开发出来的，也适用于同时丧失这两种能力的人。美国手语（ASL）是一种符号语言，这些符号不一定非要表达正在描述的词语的意思，它们遵循自有的语法。因为美国手语采用手势和面部表情相结合的方式，加德纳夫妇觉得黑猩猩学习手语要比口语更加容易。1966年，加德纳夫妇将一只十个月大的雌性黑猩猩带到了里诺市的内华达大学，开始了他们的实验。由于里诺位于华秀地区，他们就为黑猩猩起名为华秀。加德纳夫妇在郊区的房子里抚养华秀，华秀住在院子里的拖车上。加德纳夫妇有个理论：如果华秀对周围的事物不感兴趣，那它又有什么好谈的呢？所以他们频频对华秀进行鼓励。从实验最初，华秀就被训练使用美国手语。只要是华秀在场，不管什么时候，周围的人都只使用美国手语。

加德纳夫妇和他们的助手使用两种方法来教授华秀，一是比画出手势，例如，"这是一把牙刷"；二是在展示实物同时，把它的手指弯折成正确的姿势。通过多次这样的重复，华秀学会了很多手势。51个月过去了，它学会了至少132种手势。它会把自己的玩偶称为"我的宝宝"，把冰箱称为"打开吃的喝的"，把拉便椅称为"好脏"。它喜欢翻阅杂志和图画书，在看到广告和其他文章中展示出的图片时，它会对自己比画手势。华秀还会通过适当的手势索要食物，通过"胳肢"或"追逐"手势来要求玩游戏。它能够用一个手势来概括形态不同但功能相同的东西，比如说，它会用"帽子"的手势来表示3种不同的帽子。很显然，华秀还有一项能力，就是它能想出新奇的手势组合，比如说，在看到天鹅图片时，它比画出了"水"和"鸟"。

我记得自己曾经听过比阿特丽克斯·加德纳的一场演讲，内容正是对华秀的研究工作。她告诉我们，华秀喜欢翻阅杂志图片，用手势比画出图片讲述或展示的内容。举个例子，当看到罐装软饮的广告时，它就会比画出"喝的"这个手势。有一次，华秀翻到了罐装金宝汤的广告，并且比画了"喝的"手势。训练员为了纠正它，比画了"吃的"手势。结果华秀生气了。在它看来，面前的这个人根本不明白罐装的东西是用来喝的，而不是用来吃的！

等华秀到了5岁，它就被送到了俄克拉荷马州的一家灵长类动物机构，加德纳夫妇在那里展开了另一项实验。这一次，他们要将刚刚在多家灵长类动物实验室里出生的黑猩猩作为实验对象。使用新生的黑猩猩是一项重要指标，因为华秀的背景中可能存在一些因素，让它擅长按照先前的方式学习手势。但使用新生的黑猩猩，加德纳夫妇就能控制实验对象的环境；消除可能会出现的反对意见，以免有人说，是某些不可知的情况影响了他们在华秀身上得出的结论。更为重要的是，它们增加了黑猩猩的样本规模——毕竟，华秀可能是个天才，是普通黑猩猩当中的异类。

为了扩大样本规模，加德纳夫妇计划教四只黑猩猩使用美国手语——摩亚、达尔、塔图和皮里。皮里在24个月大的时候死于白血病，但摩亚最终还是赶到俄克拉荷马州，加入了华秀的行列；后来整个猩猩群体，包括华秀在内，跟着罗杰·福茨和黛博拉·福茨搬迁到了华盛顿的艾伦斯堡。其他几只猩猩学会了使用手势，并能够识别大量投射在屏幕上的物体——巴士、花朵、猫咪、狗——这表明使用手势的能力并非是华秀的专利。

更为有趣的美国手语实验应该发生

这个是喝的！不会错！

在艾伦斯堡的黑猩猩身上。在14岁那年，华秀失去了它的新生宝宝，于是它领养了一只10个月大的雄性黑猩猩，名叫路易斯。从那时起，福茨夫妇决定不让任何手语讯号出现在路易斯面前，想看看华秀或其他黑猩猩是否会教它使用手势。这项规则被执行了五年。在此期间，福茨夫妇使用遥控摄影机录制下了黑猩猩的交谈场面。华秀会对着路易斯比画手势，也会将它的手弯折成手势的姿势。有时候，当华秀或其他黑猩猩在特定情境下用手势交流时，路易斯会模仿它们指手画脚。在实验结束时，路易斯已经73个月大了，而且它的词汇量达到了51个之多。这就证明黑猩猩能够教授同类用双手比画手势，并能够在识别物体和提出不同要求时正确使用手势。

弗朗辛·帕特森曾经想在一只大猩猩身上做同样的实验，也正是她的举动，促使加德纳夫妇对华秀展开了早期研究工作。帕特森和旧金山动物达成了协议，让她对一只名叫科博的雌性大猩猩进行研究。跟华秀一样，科博也学习了美国手语。通过和大猩猩的交谈，帕特森得出了大量结论：科博的智力跟一个不太聪明的人类旗鼓相当；科博会靠撒谎来摆脱麻烦；科博喜欢没有尾巴的猫；科博能认出自己在镜子里的影像，还酷爱使用能够让它改头换面的化妆品。

聪明的汉斯的故事常被批评家们用来贬低美国手语研究。聪明的汉斯是一匹马，生活在第一次世界大战之前的德国。汉斯的主人冯·汉斯顿伯爵说它能够回答问题，还能认出卡片上的数字。汉斯会用点头来表示"是"，左右摇头表示"否"。当人们要求它识别卡片上的数字，或者问它涉及数字的问题时，它会先用右蹄轻点出答案所需的数字，再猛地顿一顿左蹄，表明它完成了动作。当时，很多顶尖科学家都以为汉斯拥有足够的智力水平来识别数字或做算术，直到动物学家奥斯卡·方斯特拆穿了这个把戏。方斯特经过细致的观察，发现汉斯是从人类观众的无意识动作中得到了暗示：当有人提出问题时，某个人类观众的身体就会微微前倾。汉斯就利用这个暗示开始顿蹄子。当它顿蹄子的次数跟答案相符时，那个人类观众就会后仰身体，还会轻轻点头。这个动作就被汉斯当成了结束顿蹄子举动的线索。美国手语研究的批评家们说，黑猩猩和其他猿类就像汉斯一样，从训练员身上得到了暗示，并做了类似于正确答案的举动。

然而，另一项对黑猩猩的研究敲响了猿类讯号语言工作的丧钟，至少在很多科学家心目是这样。赫伯特·泰瑞斯在哥伦比亚大学开始了对黑猩猩尼姆的研究工作，他希望能够教尼姆学习美国手语，再跟尼姆谈谈黑猩猩的生活。尼姆在哥伦比亚待了44个月，共拥有57位不同的老师，学会了125个手势。加德纳夫妇认为多元化和不固定的环境有利于黑猩猩学习手势，但泰瑞斯跟他们的观点恰好相反，他认为应该尽可能地控制环境。因此，尼姆在一个小教室里面接受老师的试验。起先，泰瑞斯觉得尼姆的进步神速；后来，他分析了记录着一位老师和尼姆互动过程的录影带和笔记，这些材料显示尼姆能够制造出19 000种手势组合。在此基础上，泰瑞斯总结出了两个要点：一个要点是尼姆在每个句子中平均使用1.1至1.6个手势，相比之下，年龄相仿的人类小孩在每个句子中平均使用2.6至4.1个手势。另一个要点是尼姆的绝大多数反应是在老师的激励下完成的，而不是独立自主地做出手势。例如，在一段影片中，尼姆被拍下了做"我抱猫"手势的全过程。泰瑞斯指出，当尼姆比画"我"的时候，老师在比画"你"；当尼姆比画"猫"的时候，老师在比画"谁"；当尼姆比划"抱"的时候，老师用两只手比画出了N的造型，这是他们提示"尼姆"这个词的动作，因为尼姆很喜欢拥抱。这些足以让怀疑论者下定结论：猿类并不是真的懂手语，也不会用手语构建句子。另一方面，不持怀疑态度的人会觉得，泰瑞斯的实验只表明尼姆不能构建句子，但并不是全体黑猩猩（或者更广泛地说，全体类人猿）都没有这种能力。这也无法证实黑猩猩没有属于自己的语言，实际上，有证据指出野生黑猩猩既拥有声音语言，也拥有手势语言。奇怪的是，虽然有些怀疑论者很乐于指摘猿类研究的样本过少，但当某个结论吻合他们先入为主的观点时，他们也很乐于接受一个样本（泰瑞斯对尼姆的研究）。

　　另一些研究者则另辟蹊径——使用符号来测试黑猩猩的语言能力。较早开始研究的是大卫·普瑞马克和安·普瑞马克，他们对几只非洲出生的黑猩猩进行研究。其中最为出名的黑猩猩莫过于莎拉。普瑞马克夫妇使用大小、形状和颜色各异的塑料片作为实验工具。这些塑料工具充当了词语或图形字的角色，黑猩猩能够在磁铁板上将其按照一定顺序排列，图形字代表着黑猩猩的名字、训练员的名字、食物的名字和行动，比如说"玛丽给莎拉苹果"。有些黑猩猩无法学会单个的词语。其他黑猩猩则至少需要1 000次重复才能学会单个词语。莎拉学会了将130个符号词语串联起来，并在构造序列方面拥有80%的准确性，但会受到两个物体相似（例如两把大小和形状都一模一样的钥匙）或相异（例如钥匙和纸夹子）的影响。在对符号序列的反应方面，莎拉也能达到80%的准确性，例如说："莎拉饼干香蕉盘子苹果桶放入"，就会导致莎拉把多种物体堆放在一个桶里。

　　LANA项目（是对LANguage Analogue Project：语言模拟项目的简称）由杜安·蓝保启动，并使用了一种名为耶基斯语的人工语言。这种语言会在大型计算机键盘上展示各种形态各异的符号，一只大猩猩——在这种情况下我们就叫它LANA（拉娜）——可以按照特定顺序按下符号，假使它键入符号的顺序正确，计算机就会给出适当的反应。还是举例说明吧，拉娜可以键入适当的符号，说出"请机器开窗户"，计算机就会打开一扇窗户，拉娜能透过窗户看到训练区外面的世界。这个系统的优势在于，计算机能够记录拉娜的成功和失误，拉娜已经能够使用255种不同的符号，每种符号都拥有意义，并能和英语单词一一对应。在特定试验中，莎拉只拥有少量的符号；而拉娜则不同，它拥有数目庞大的有效符号，包括人的名字，它的身体部位，食物名称，以及"给"或"开"之类的动作。耶基斯语具有语法，句法对句子的意义相当重要。拉娜和它的训练员都能用符号拼出特定的句子，来代表问题（使用表示"？"的符号），或请求（使用表示"请"的符号），或否定（使用表示"不"的符号）。一旦拉娜学会操作键盘，并掌握了符号的意义，它就能就食物和环境跟训练员对话了。这些对话都极其有限。拉娜和实验员都没办法触摸到更为抽象的情境、情感，或是自我意识。

批评家们已经提出，这两个研究存在很多问题。其中一个问题是，除了简单学会联想，将特定符号和另一物体相对应之外（比如说苹果），没有证据表明符号对拉娜或萨拉来说具有意义。这种类型的联想就跟训狗差不多：当训练员用食指指向地面时，狗就会坐下。而反对观点则认为，我们学习词语意义的过程就是这样——有人举起红色的毛衣，说"红色"。如果我们重复"红色"，就会得到各种形式的奖励，要么是妈妈的微笑，要么是拍拍我们的头，要么是深感骄傲的父母对听到孩子说话的人大声欢呼。最终，我们学会了将"红色"扩展到其他物体，比如说番茄和日落，而不仅仅是毛衣。批评家们提出的另一个问题是，这些研究耗费了大量的训练课程来学习代表特定物体的特定符号——拉娜需要1 600节课程来学习代表"香蕉"的符号。这种对训练的诟病也指向了美国手语研究，批评家们指出，让黑猩猩学会某个特定手势耗费了大量的精力。批评家们提出的第三个问题是，研究结果不一定证明动物在进行交流——它们只是学会了使用简单规则"如果这样，就那样做"，以此来获得奖励，在这里又跟训练员让狗完成复杂任务殊途同归了。当然了，作为反对观点，我们总可以问问"这样"和"那样"对动物的大脑意味着什么，假如是动作，那它们是不是以符号的形式储存在大脑中呢？（提示：我们并不知道这个问题的答案。）

另一个符号和语言项目的参与者是两只雄性黑猩猩，它们分别叫作谢尔曼和奥斯丁。这个项目的发起人是休·萨维奇-鲁姆博夫，她的理论依据是一个假说：既然语言是两个或两个以上参与者之间的互动，那对于谢尔曼和奥斯丁来说，互动对象是同类而不是机器，学习符号语言的效果会更好。为了获得食物奖励，两只黑猩猩被迫使用符号，并互相合作。它们被分开关在独立房间里，但能够通过房间中间的玻璃窗看到对方，两个房间都放置有符号键盘。实验助手从冰箱里拿出食物，宣告着实验开始。他会向其中一只大猩猩展示食物，而

待在另一个房间的大猩猩是看不到的；接下来，助手会把食物分开，装进两个容器，每个房间各放一个容器。看到过食物的大猩猩会使用键盘，用符号向同伴描述容器中食物的名字。如果另一只大猩猩使用自己的键盘敲出了正确的食物名字，那两只大猩猩都能获准打开容器，享用食物。谢尔曼和奥斯丁实验显示，大猩猩确实能够使用符号来合作获取食物。

另一只猩猩显然是跨越了操纵图形字的底线，直接迈入了理解英语句子的境界。这只猩猩名叫坎兹，是一只倭黑猩猩（小黑猩猩）。倭黑猩猩是跟普通黑猩猩不同的物种。它们的体型较小，在野外过着相对稳定的族群生活，雄性倭黑猩猩极为被动，每个族群都由关系密切的雄性和雌性组成。坎兹降生在乔治亚州的耶基斯野外实验站。在只有6个月大的时候，它就被送到了乔治亚州立大学语言研究中心，跟它同行的还有它的养母玛塔塔。虽然玛塔塔不是它的亲生妈妈，但在它出世30分钟之后就开始抚养它了。当时，玛塔塔获得了坎兹亲生妈妈准许，抱起了坎兹，但玛塔塔显然是太喜欢它了，拒绝将它交还给亲生妈妈。玛塔塔原籍非洲刚果，在1975年被带到美国。休·萨维奇-鲁姆博夫本来是将玛塔塔作为研究对象，想教它使用符号（图形字）。这些图形字就跟两只普通黑猩猩谢尔曼和奥斯丁所使用的一样，也跟杜安·蓝保对拉娜所使用的图形字很相近。最初，就像拉娜项目一样，这些符号被排列在跟电脑相联的键盘上，只要黑猩猩触摸其中一个符号，电脑就能接收到信息。后来萨维奇-鲁姆博夫发明了可携带式键盘，能够自由地在各个地方使用。

玛塔塔很难学会在键盘上使用图形字。经过为期两年的训练和30 000次重复教授，玛塔塔学会了使用代表"香蕉"、"果汁"、"葡萄干"、"苹果"、"山核桃"和"橙子"的图形字，它能够正确识别每种食物并提出索要要求，但不能在看到图形字后挑出画有食物的图片。坎兹总是跟着玛塔塔，所以上训练课的时候它也在场，它的大部分时间都用来在玛塔塔的头上和肩膀上玩耍，偶尔会胡乱触碰一下键盘，而在这些时候，玛塔塔正努力地学习"香蕉"之类的图形字。

　　当坎兹两岁半大的时候，耶基斯中心决定让玛塔塔再当一次妈妈。于是它被打了镇定剂，带离了坎兹身边。玛塔塔离开后，坎兹让每个人都大吃一惊，它走到键盘边，键入了120种不同的图形字组合，共使用了13种不同的符号（"香蕉"、"果汁"、"葡萄干"、"花生"、"追逐"、"球"、"咬"、"橙子"、"胳肢"、"秋千"、"樱桃"、"外面"、"甘薯"）。显而易见，坎兹老是在玛塔塔周围晃悠，看着玛塔塔接受图形字用途辅导，结果却被动地学会了使用键盘和图形字。

　　其后很多年，萨维奇-鲁姆博夫和她的同事对坎兹展开了研究工作。坎兹能够用键盘提出请求，也能对实验员用图形字拼出的句子作出回应。此外，坎兹还会避开所有人，背转身体，拿起键盘，通过触摸图形字来自言自语。它还能使用手势和眼神来将想法告诉实验员，比如说，它想让某个实验员爬上大树旁边的葡萄藤，而它自己去爬大树。萨维奇-鲁姆博夫在观察报告里说，坎兹能够理解大量的复杂英语句子，比如说，当有人问："你能往游泳池里放点儿葡萄吗？"坎兹就会爬出游泳池去拿葡萄，再丢进水里。萨维奇-鲁姆博夫认为，坎兹能够理解口头句子，就表示它必须要抓住句法的概念，并对句子作出正确回应，这就跟构造句子的能力一样复杂。实验员还录制到坎兹在不同的情境下发出各种声音，比如"香蕉"、"葡萄"、"果汁"和"是"。它并不是发出英语单词，而是发出不同的声音，每个声音都和不同的英语单词相对应。

　　萨维奇-鲁姆博夫还对另外两只黑猩猩做过研究，它们分别叫作潘妮莎和潘茨。潘妮莎跟坎兹一样，是只倭黑猩猩；潘茨跟谢尔曼和奥斯丁一样，是普通的黑猩猩。按照对坎兹的研究标准，这两只黑猩猩生活在相同的环境中，而且人人都跟它们说英语。它们跟坎兹一样，可以使用含有256个符号或图形字的键盘。两只黑猩猩都学会了使用符号键盘，并对口头英语作出回应，这说明坎兹的能力并不是独一无二，而是其他黑猩猩都能够通过学习获得的。

　　另外一批研究者以海豚为实验对象，展开了教动物学习人工语言的研究。二十世纪六十年代，约翰·李利面向大众提出了海豚可能具有语言的概念，而

且他认为，人类最终能够破译它们的语言。为了测试海豚的语言能力，夏威夷大学的路易斯·赫曼对两只宽吻海豚进行了研究，它们的名字分别是阿克卡玛（夏威夷语，意思是非凡的智慧所青睐的对象）和凤凰（就是那种浴火重生的鸟儿）。赫曼使用了两种不同的人工语言——一对阿克（阿克卡玛的缩写）使用的是视觉语言，对凤凰使用的是声学语言。赫曼对海豚是否能够理解句法尤其感兴趣。为此，他设计了好几个任务来测试海豚理解讯号序列的能力。例如，在视觉语言中，训练员做出五个手势，代表"水底飞盘带到水面铁环，"意思是"找到水池底下的飞盘，再把它放到水面的铁环位置。"句法可以颠倒，变成"水面铁箍带到水底飞盘"，意思是"到水面的铁环那里，再把它放到水底的飞盘位置。"研究人员对阿克完成任务的表现进行了准确率评估。为两只海豚准备的句法是不同的。如果训练员要求凤凰把铁环放进篮子里，声学讯号是"铁环篮子里面。"而要求阿克完成同样的任务，视觉讯号则是"篮子铁环里面。"

通过将两种形式的句法教授给两只海豚，赫曼希望可以证明，海豚能够学习随意性的规则，就像人类学习不同语言句法和语法的随意性规则。视觉和声学讯号组合成句子，允许赫曼测试海豚是否能够理解新奇的句子，并通过句子来要求它们做以前从来没做过的事情。赫曼和他的同事还进行了另外一项测试，就是海豚是否能理解有些句子要求它们在不久的将来完成一项任务，比如说，训练员会要求它们拿走某个特定的物体，那个物体现在还不在水池里，但稍后会跟其他物体一起扔进水池。赫曼的结论显示出，一般情况下，海豚能够执行由不同句子下达的任务，准确率达到了60%到100%。

虽然不是太愿意教授语言，但艾琳·派珀伯格在灰鹦鹉亚历克斯身上取得的工作成果却表明，这只鸟儿在语言认知度方面具有良好的天赋。当研究员向亚历克斯展示一样物体时，它会用英语表达哪些东西跟这个物体一样，哪些东西跟这个物体不同。它还能辨识物体的颜色，并数出所展示物体的数目。有一次，派珀伯格在我的动物行为课堂上播放了一段录像，录像画面上，亚历克斯跟她新买到实验室的鹦鹉打起了招呼。亚历克斯很喜欢摩擦它颈部的那圈羽毛，这是很普通的鹦鹉清理羽毛动作。有时候，它会叼着人们的手指去摩挲自己的颈部，要是它做出这个动作，人们就会说，"轻点儿，给我轻点儿。"要是亚历克斯坚持不放，人们就会说，"你够了吧"，并且走开。在录像里，亚历克斯正在梳理颈部的羽毛，但新来的鹦鹉跑过来咬它。亚历克斯说，"轻点儿，给我轻点儿。"但新来的鹦鹉继续咬它，于是亚历克斯说，"你够了吧"，并且走开了。

还有部分研究提出，狗也能学习人类语言或人为设计的语言。目前，人们正在教狗学习K9手语，这是由肖恩·西尼查设计的一种手语：人们用一只手或手臂做讯号，而狗会用肢体语言给出回应。狗可以使用身体动作发起请求，例如抬起左前爪再放下，就是表示它想要鸡肉来做晚餐。一只名叫瑞寇的博德牧羊犬通晓300个德语词汇，当它接到任务要获取某样物体，而它又不知道目标名

抬起这只爪子，再放下，就有鸡肉吃。就是这么简单！

称时，如果目标夹杂在它认识的东西中间，它就会利用排除法，取出它不认识的物体。另外一只名叫猎人的博德牧羊犬堪称博文广识，它知道1 000多个物体的英语名称，还能依照口头命令获取这些物体。

这些研究的结论说明，动物能够学习人类语言。然而，在解释这些结论的时候，我们必须要持审慎态度。样本规模、庞大的训练计划、无意暗示的可能性，都是需要谨记的困难。这并不是要贬低上述研究人员在动物身上所做的大量工作，他们全身心地投入研究项目，并甘愿拿个人的科学事业前途去冒险。站在方法论的立场上来看，教动物学习人工语言的困难简直是难以想象，考虑到方法上的困难，他们获得的成果就太了不起了。但困难也让怀疑论者指出了一两个问题，并认为这些问题否定了动物能够学习人类语言的结论。

正是出于这些原因，更好的方法应该是，在自然条件下研究野生动物族群发出的讯号，再从中推断出讯号是否能够构成语言。在野生族群中，样本规模较大，不需要训练计划，暗示更不会成为问题。正如我们已经看到的，人类有充分的证据证明，只要拥有适当的情境作为罗塞达石，我们就能够解读动物的自然语言。

))) 语言是天赋的权利

我们来考虑一下之前提到过的一项特征——预言是天赋的权利。有了语言，我们能够描述外部世界，我们能够描述内在的感情和思想，我们能够提出诉求，也能向他人索取。我们能够就个人特定行为得到同伴的积极反馈。我们能够得到建筑模块，来了解周遭的世界。语言是互动的工具。失去了语言，我们就变成零散的个体，在孤独的海洋中随波逐流，永远无法向他人交流思想，永远无法分享任何经验，永远无法传播自身所积累的知识。有了语言，我们能够获得进步，为物体命名将是开端——从回答"那是什么？"的问题——到构建起世界如何运转的哲学体系。失去了语言，一切皆不可能。

如此说来，动物拥有这种天赋的权利吗？传统观点会给出否定的答案。

但是，正如我们所见，很多动物语言都拥有跟人类语言相同的设计特征。我们真的是与世隔绝、举世无双吗？传统观点会再一次给出一个震耳欲聋的"没错！"但传统观点可能错了。人类对技术的重视让我们从大自然中分化出来，但也造成了错觉，让我们觉得自己跟自然世界没有直接联系。偶然发生的飓风和其他自然灾害会提醒我们，人类还是世界的一部分，但人类的记忆往往很短暂，我们会假定这些只是暂时性问题，能够被更先进的科技所弥补。我们很容易忘记，相同的进化过程造就了今天所看到的大量物种，人类也是其中的产物；大量相同的细胞、神经元、肌肉、组织和器官存在于人类身体内，也存在于马、狗和鸟的身体内。每天晚上，响尾蛇蜿蜒滑行过我的房子，寻找大脑结构跟我们部分大脑相似的林鼠；野猪会跑进我的仙人掌园地大快朵颐，它们跟人类拥有相同的生理过程。

让我们做个假想实验。在这个实验中，我在课堂上向学生讲解动物行为。有些学生在做笔记。有些学生用各种眼神看着我，从全面的理解到彻底的迷茫。还有学生在看手表，想知道还有多长时间才能离开教室去吃午饭。最后几个人企图数清教室墙面上有多少块砖。现在，我们用外星观察者的视角来看，把电子望远镜聚焦在我的教室里。外星人的飞碟正绕着地球在外太空飞翔，不在我们的雷达网络侦测范围内。他正在进行蒂斯图星球巴日奥夫大学的博士研究项目，他的研究课题是，人类是否拥有语言。（蒂斯图星球、巴日奥夫大学：这里的两个名词都是作者杜撰，没有实际意义——译者注）他选择了我的教室作为研究试点。除了通过望远镜看到的景象，他对人类一无所知。他不了解人类的文化、智力和能力。巴日奥夫大学的学者们持有一种普遍观点，就是人类遵从本能，建立起了我们称为"城市"的大型结构，至于我们的社会模式，就跟在蚂蚁群所看到的差不多。受本能的盲目驱使，人类一刻不停地建造，直到耗尽了所有自然资源，接着我们就会从某一区域消失，直到资源自行恢复，如此循环往复下去。其中出现的所有交流活动都彻头彻尾地受到本能控制。

这个外星人想证明人类拥有语言。他尽忠职守地记录下了学生在听我讲课时的全部反应（还记得沟通可操作性定义吗？讯号必须要引发用于沟通的可预见性反应，而且要由观察员确认发生了才行。）他记录了有多少学生在做笔记，有多少学生在盯着手表，又有多少学生在看着砖头。他日复一日地观测着我的课堂。在30场课程之后，他对数字进行了统计分析。你猜怎么着？他发现在我的演说和学生活动没有关系。统计学无法显示出在我说话的时候，学生总是执行一种举动。懊恼之余，外星人向导师汇报说，他无法证明人类拥有语言，并努力忽略掉导师脸上得意洋洋的表情，就像是在嘲笑他"我早说过了，但是你不听"。他在博士论文中写到，这些有力证据证实了他的推定：我之所以会发声，是因为某种未知的生理原因让我情绪激动；而学生之所以会在场，仅仅是因为社会本能让他们聚集在一起。

这场假想实验就跟我们今天对动物语言的研究一样。我们对动物生活的细微差别所知有限——它们觉得什么东西重要，它们如何感知周围的世界——但我们已经基于有限的知识作出了推测。

我曾经跟一位专业的哲学家展开过讨论。这位哲学家听我解说了对土拨鼠的研究工作。演讲结束后，他走到我面前，说他对我的工作深感好奇，但他不相信土拨鼠有近似于语言的东西。我问他这种想法从何而来，他说没有证据证明土拨鼠拥有伦理学或道德主体。没有这方面的证据，他就拒绝承认土拨鼠拥有语言的可能性。我又问他，他怎么知道土拨鼠不具备这些东西，他断然说，没有动物能够理解伦理学和拥有道德主体。我完全无法在这种"可能是也可能不是"的争论中有所斩获，但是他也拿不出证据，更不用说某些手段去测试这种假设的真实性了。

我们还作出过一个推论，就是假如动物拥有语言，它们就会像我们那样去使用语言。但这种推论不一定能站住脚。单个动物讯号相当于一种概念，而不是一个词语。说到这里，再举个例子吧，鸟儿为保卫领地，会针对入侵者发出单音，那这个单音的意思大概就是，"这块底盘是我的，要是你继续入侵，我就会攻击你，并发起战斗"。对于人类来说，这类似于形象思维，坦普尔·格兰丁在她的著作《形象思维》一书中描述过这种情况。作为一个遭受自闭症折磨的人，格兰丁指出，她的思维过程不是以语言形式进行，而是由图片展示出不同的场景。某些以视觉为导向的人会有这种体验——画面会在我们脑海中一闪而过，只需短短一瞬，我们就会在思绪流中将画面翻译成词语。对有些动物来说，概念就是以画面的形式出现的，讯号很可能是画面或概念的外在表现。

蒙帝·罗伯茨在他的著作《马语者》中描述过马对组合讯号的反应，这应该是上述推论的一个实例。为了训练马儿接受人类作为骑手，传统的做法都有些暴力，人们会将马捆绑起来，固定在地上，摧毁它们的精神。而罗伯茨却独树一帜，他通过观察，发现野马拥有一连串讯号，大体意思就是，"你好，我想加入你们，成为你们的朋友，我不想伤害或虐待你们"。这些讯号是以马或者罗伯茨的身体方位展现出来的。单个身体方位就代表我们所说的概念，这种概念会得到另一匹马的认同，然后它就会决定接受或拒绝这种由概念传达的请求。

在人类语言中，词语可以勾勒或描述概念，但同时也会模糊我们所表示的意思。就以哲学为例吧。你最喜欢的哲学家写出的文字在你看来一清二楚，但反过来说，这些词语的语用价值也许晦涩不清，你必须要去查阅由其他人撰写的解释性文章，才能明白自己最喜欢的哲学家在谈论理性解构时，到底想要表达什么意思。

我们人类也拥有代表概念的简单讯号。某些肢体语言也能充当表达概念的良好工具。比如说，对某人伸出右手，做出握手的姿态，几乎是通用的友好讯号，但这个姿势也体现了一种概念，就是我的右手没有武器（重点是，80%的人类都惯用右手），由于我的右手中没有武器，那我就是为和平而来。我们必须要谨慎使用肢体语言，因为肢体语言的某些方面具有明确的动机，表达了我们的内在情感，常常不经过大脑的理智思考；有人指出，当口头语言和讯号相冲突时，听众往往会相信肢体语言，而不是人们所说的语言内容。肢体语言的

其他方面不受意识控制，比如我们会向要离开的人挥手道别。有些语言学家认为，肢体语言并不是真正的语言，因为它缺乏语法，但在讯号代表概念的前提下，语法就变得无关痛痒，失去了用武之地。

"讯号即概念"的主张解释了赫伯特·泰瑞斯在对尼姆的研究中遇到的困难，当时尼姆不能将美国手语手势串联成句子。美国手语是视觉语言，很多手势都代表概念。当讯号无法表示特定名字或场景的时候，使用美国手语的人类才会用手势拼写出词语。在美国手语是否具有语法这个问题上依然存在争议，但绝大多数语言学家似乎都认同了美国手语是真正的人类语言，拥有自成一套的语法。这种语法跟英语语法是不同的。在英语当中，常见句式是主语、动词、宾语，例如"凯西弄丢了她的钥匙。（Kathy lost her keys.）"在美国手语当中，宾语常常会在主语之前，那上面这个句子就会变成，"她的钥匙，凯西弄丢。（Her keys, Kathy lost.）"我们在前面提到过，尼姆由多位老师教授了大量的美国手语手势，但在赫伯特·泰瑞斯分析尼姆和人类交流的录影带和录像带时，他发现尼姆无法将一个或两个以上的手势串联成句子。相形之下，学习了美国手语的人类婴孩到了尼姆的年龄，就能将四个或以上的手势串联成句子。泰瑞斯由此得出了结论：黑猩猩并不能像他最初预期的那样，真正将手势作为语言来使用。

然而，最新发现表明，黑猩猩在野外既拥有声音语言，也会使用具有意义的手势。科学家研究了黑猩猩在野外发出的不同叫声，结果证实它们拥有88种不同的叫声组合，每种声音结合了不同的语境，就像是我们会将不同的词语跟句子相结合。另一项研究记录了66种形态各异的手势，由野生黑猩猩族群在不同的情境下使用。就算是圈养黑猩猩也懂得具有意义的手势所代表的概念。在对49只圈养黑猩猩所进行的研究中，一位人类实验员举起香蕉，在每个笼子前约3英尺的地方跪下，摆出面对黑猩猩或把脸转开的姿势。大部分时间，当实验员把脸转开时，黑猩猩就会发出声音来吸引人类的注意。但是，当实验员举着香蕉面朝笼子时，黑猩猩就会用手势表示它们想要香蕉。同样，当四只懂得美

国手语的黑猩猩单纯在实验室环境接受测试时，它们也会改变行为，主要取决于实验员背对还是面对它们。当实验员背转身体时，黑猩猩就会发出获取关注的声音或转身离去。当实验员面对它们时候，黑猩猩就会马上对他比划美国手语。假设黑猩猩在野外使用的声音或手势代表概念，更像是我们的肢体语言，那将手势串联成句子就完全没有意义——单个手势能够表达黑猩猩的意图，就像是一系列的词语或美国手语手势。所以说，尼姆无法学会串联手势，因为这对黑猩猩来说没什么特殊意义。

在批评家看来，黑猩猩和其他灵长类动物学习美国手语有很多不足，其中之一就是它们的手势大多代表食物，没什么其他东西。但他们忽略掉了一项可能性：将交流系统简化至最基本功能，这将变成动物和它们的人类实验员所拥有的谈话共通点。

我们再来做个假想实验。想象一下，一个华尔街的股票经纪人到加拿大野外去享受当之无愧的假期，他徒步旅行，并频频拍照，记录下这令人心旷神怡的荒原景象。当他在睡袋中安然睡去时，外星人的飞船出现了，绑架了他（外星人最擅长做假想实验）。外星人将他带到木琴星球，关在一个小房间里。（此处的木琴星球也是作者杜撰，没有实际意义——译者注）他找不到其他人类的踪迹。那里也没有任何外界刺激的来源。没有电视。没有互联网。没有朋友，没有午饭时段在附近酒吧喝到的马丁尼酒。只有眼睛突出的外星人偶尔会出现在他的视野里。他试图跟外星人说英语，但很明显，外星人听不懂英语，并且认为他发出的只是毫无意义的噪声。接下来，外星人开始教他学习外星语言，其中牵涉到使用手臂来比画讯号。于是他学会了几个手势。他会跟绑架他的外星人谈些什么？在两个星球的居民之间存在着巨大的文化差异，导致外星人无法了解他的行为，他也无法了解外星人行为的微妙之处。他要如何跟外星人解释华尔街股票经纪人靠什么谋生？就只靠几个基本的手势，他要如何解释股票和债券、买进和卖出、金钱、权力和地位的概念？啊，你也许会说，人类很聪明，要不了多久，他不仅能理解外星人的语言，还能逃离那个地方。我曾经有过被迫学习另一门语言的经历，在学习过程中，我还能够及时得到反馈和解答。让我来告诉你，假如这就是你答案，那你就大错特错了。他会从最基础的东西学起：我想要一个苹果（或者是在外星人眼里等同于苹果的东西），抑或是，我想到房间外面去。就像黑猩猩一样，它们不可能去学习超出基础交流之外的东西。

还有一项推论，就是我们在研究动物交流系统时，会认为动物讯号的时间尺度和我们所感知到的时间尺度是一样的。例如说，一只鸟对着我们发出了"呱"的叫声。我们会假定另一只鸟对这声鸟叫的感觉跟我们一样。但是，如果第二只鸟对时间的认知不同，那它就会将"呱"的这下叫声认定为较长的交流，相当于我们的句子或段落。这种时间压缩技术被我们用来进行军事消息传输。例如说，通过加快信息编码速度，潜艇能够通过一段无线电波传输大量信息，而无线电接收器会靠减缓速度来完成解码。土拨鼠的示警叫声在我们耳中只是简单的"吱吱"声，但我和我的同事约翰·普雷斯尔做过实验，把这声"吱吱"——长度为十分之一秒——分割成20段，每段长度为五千分之一秒，我们在每个时间切片中都能找到重要的声学机构信息。人类觉得这声"吱吱"叫非常简短，但对于土拨鼠来说，其中包含了很多信息，就像我们听到了冗长的句子一样。

另一个悬而未决的问题是语法。正如我们已经看到的，部分动物拥有语法。这些动物来自不同的种族：蜥蜴、蜜蜂、山雀和鱿鱼之类的头足类动物。在动物交流研究中，很难开展语法研究。为了证明语法的存在，我们必须要理解交流系统中的细小差别和微妙之处。有人作出过简单的推测，就是所谓的细小差别和微妙之处数量并不充分，原因就是我们没有确切答案，也没有实验证据来在这一点上做出判断。当然了，我们可以假定，一旦找到了句法的证据，句法就会反映出深层的语法结构。

想要理解人类语言的错综复杂之处，关键取决于和母语人士的交流，并询问他们为什么某些结构具有意义，而另外一些却没有意义。我们对动物不能用这种方法，但我们可以持着开放的心态接受动物交流系统，考虑它们的语言中所存在的深层语法结构。有了开放的心态，我们就能像破译员解析加密通讯消息一样，对动物交流系统进行解码——通过寻找重复的模式，并分析模式在特殊语境中的意义。以话语系统为概念框架，我们就能看到不同动物种族中的语言连续性。

不久之前，我和一位对动物交流颇有心得的同事进行了沟通。他说："你为什么要坚持称之为语言？你没意识到这是很多人的死穴吗？你为什么不简单地称之为交流，那不就没这么多麻烦了吗？"

我的想法是，证明动物具有语言的证据广泛存在，是时候让人们去承认这一事实了。我想打破"人类是空前绝后的，只有我们才拥有语言"这个神话。生物都是由进化过程塑造出来的，但这个神话却认为人类并非是进化过程中的一部分，将"我们"和"它们"对立起来。话语系统显示出，语言以及其结构和方式发挥作用的进程，受到进化和自然选择的不断修正。

))) 语言是桥梁

让我们考虑一下动物拥有语言的观点将会掀起怎样的浪潮。关于动物的教条思维之一就是它们无法思考，因为它们没有语言。1973年，诺曼·马尔科

姆在美国哲学学会上的主席演说中讲道："语言和思维之间的关系肯定非常紧密，因此，去揣测人们可能没有思考能力是毫无意义的；同理，去揣测动物可能具有思考能力也是毫无意义的。"马尔科姆将这场演说命名为"没有头脑的野兽"。

目前，动物行为学家的另一个死穴就是思维，这是由于B.F·斯金纳所推广的思维行为学所遗留下的问题。从二十世纪三十年代到八十年代，很多心理学家和生物学家投入到了研究动物行为的工作中，他们的思想都受到了行为主义的影响。行为主义思想的本质就是，我们无法都对动物的内部活动了如指掌——那是一个黑匣子，里面充斥着未知数。但对于行为主义者来说，动物的内部活动并不重要，因为动物行为的重要之处体现在两件事情上——外部刺激和动物对外部刺激的反应。刺激和反应都是可以计量的，而动物的心理活动，例如思维，不能被检测或计量。动物能够学习改变对特定刺激的反应，这种改变反应的行为也能被计量，标准是动物需要多长时间（或重复多少次，叫作试炼）来改变反应。至于动物对环境的判断，要用词语来形容的话，就是无足轻重。这种观点发展到极端状态，就是动物从来不思考，实际上，它们也不具备思考能力。时至今天，这种观点已经变成了将人类和动物分隔来的又一种手段。

有些时候，我会在动物行为课堂上向学生提出如下问题：首先，我会问："哪些人觉得人类可以思考？"每个人都会举手。接着，我会问："哪些人觉得狗可以思考？"大概会有2/3的学生举手。接着，我又会问："哪些人觉得猫可以思考？"大概会有1/3的学生举手。最后，我会问："哪些人觉得蚂蚁可以思考？"这下没人举手了。说实话，我们并不知道真正的答案。而且，有趣的是，我们会假定某些物种具有思考能力，而某些物种没有思考能力，我们清楚地知道该如何区分这些物种，但我们的观点并不是建立在科学的基础之上，只是来自于直觉。

除了个人经验，我们并没有量化方法来得知人类是否具有思考能力，但我们的推理模式就是：我们自己可以思考，那其他人也能思考。只是某些人是图像思维而不是语言思维，就像坦普尔·格兰丁所描述的那样。但不管是图像思维还是语言思维，很多人最终还是会把想法翻译成词语。

其他动物能够做到这点吗？我猜是可以的，依照它们自身和它们的语言所衍生出的方式。我并不指望一只蝙蝠用高频朗诵出莎士比亚十四行诗的英语译文，但说不定蝙蝠在朗诵蝙蝠世界的十四行诗高频版本呢。

想想看，动物利用语言来进行思考会有怎样的重大意义。如果它们可以思考，那就意味着它们对周围的世界拥有心理表征。这些表征会因为物种的差别而千奇百怪。对一只蝙蝠来说，世界也许是浩瀚的声音天堂；对于一只蜜蜂来说，世界也许是紫外线光谱色彩的海洋；对于一只蚂蚁来说，世界也许是气味嵌合起来的马赛克迷宫。其他动物跟我们看待世界的方式多么不同。不过，如果它们拥有心理表征，就能使用象征性语言来跟其他同类交流这些表征，那也许它们还具有两样东西：意识和自我意识，我们向来将这两样东西视为人类的专利。

没错，科学家会说这真是一派胡言。但回到二十世纪五十年代，在唐纳德·格里芬进行他的经典实验之前，又有多少科学家知道蝙蝠怎样在黑暗中导航？他曾近对我说，他提出将蝙蝠利用声音导航的主张作为博士论文标题时，一起工作的科学家都跑过来告诉他，这是个荒谬不经的想法，他不应该浪费时间。但他坚持下来了，时至今日，我们知道蝙蝠利用的是声音的维度，但我们还是无法鉴别。

无论在意识还是意图方面，我都不觉得人类和其他物种之间存在着巨大的鸿沟。是时候打破这个僵局，从全新的角度看待动物了。在我看来，动物的语言为讯号信息提供了灵活性，也为针对情境作出的回应提供了灵活性。发送讯号的个体可能是想要改变其他动物的行为，或者是想要向其他动物通报外部情况，又或者是想要告诉其他动物它很不爽。依照经验、情感或者发出讯号的情境，接收者会对讯号进行过滤和解读。

对于人类来说，其他动物拥有语言的观点是回归自然世界的桥梁。我们开始跨越自己在"我们"和"它们"之间设下的巨大鸿沟，开始看到人类和动物之间没有多大区别。大家都是自然世界的一部分。当然，人类拥有很多其他动物所不具备的才能。但其他动物也拥有很多人类所不具备的才能。我们所共同拥有的是，我们都生活在这个自然世界，越快认识到我们之间的相互依存关系——没有哪个物种会比其他物种更优秀——和谐之光就能越早照进我们的生活。

致 谢
Thank you

感谢我的经纪人劳拉·伍德，感谢她的无私协助和不懈努力，指引我完成了这本书的写作工作。还要感谢圣马丁出版社的编辑丹妮拉·拉普，感谢她的远见卓识和优秀编撰能力，让这本书脉络分明。感谢我的妻子茉蒂丝·基里亚齐斯，感谢她的创意、思想，和在手稿修订方面伸出的援手。最后，我要感谢所有的学生，是你们多年来帮助我破译土拨鼠的语言，在野外和实验室花费了不计其数的时间，来记录土拨鼠的行为，分析为时漫长的实验结果。

HOW DO ANIMALS TALK